北大心理课

博文　编著

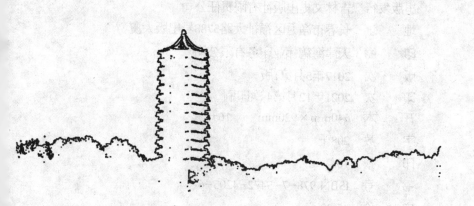

吉林文史出版社
JILIN WENSHI CHUBANSHE

图书在版编目（CIP）数据

北大心理课 / 博文编著. -- 长春：吉林文史出版社，2017.5（2021.12重印）

ISBN 978-7-5472-4205-6

Ⅰ.①北… Ⅱ.①博… Ⅲ.①心理学—通俗读物 Ⅳ.①B84-49

中国版本图书馆CIP数据核字(2017)第119034号

北大心理课

BEIDA XINLI KE

出 版 人　张　强
编 著 者　博　文
责 任 编 辑　于　涉　董　芳
责 任 校 对　薛　雨
封 面 设 计　韩立强
出版发行　吉林文史出版社有限责任公司
地　　址　长春市净月区福祉大路5788号出版大厦
印　　刷　天津海德伟业印务有限公司
版　　次　2017年5月第1版
印　　次　2021年12月第4次印刷
开　　本　640mm×920mm　16开
字　　数　208千
印　　张　16
书　　号　ISBN 978-7-5472-4205-6
定　　价　45.00元

前　言

北京大学是我国科学心理学的发源地。1902 年，京师大学堂日籍教员服部宇之吉讲授心理学，拉开了在北大传播科学心理学的帷幕。1917 年北京创立中国第一个心理学实验室，这是中国现代科学心理学的开端，是由著名教育家、北京大学校长蔡元培先生倡导的，他曾在德国莱比锡大学修习"科学心理学之父"冯特教授的心理学课程。此后，不少教授在北大讲授和研究心理学，如陈大奇、孙国华等。北大让越来越多的人了解到心理学，受益于心理学。

生活中，你是否有过这样的疑惑呢：记忆中为什么偶尔会出现前世的画面？做了决定为什么常常会后悔？微笑为什么能让人感觉到美好的存在？打扮漂亮的人为什么更受欢迎？跌势股为什么还紧抓不放？"墙头草"为什么能见风使舵？拍马屁的人为什么更得人喜欢？为什么有人会见死不救……

在这个纷繁复杂的世界，很多类似的事情我们习以为常，很多想法或疑惑萦绕心头，但我们并不了解真相。大多时候，我们不是命运的囚犯，而是心灵的囚犯。因为我们没有意识到操控着人类的神奇力量——我们的心理！

每个人都希望了解自己，了解他人，拥有幸福，走向成功，但是这并不容易做到。心理学的出现让这一切都变得简单起来，它可以帮助人们认识自己，看透别人，破解生活中的许多难题，从而更好地驾驭自己的人生。可见，人生中不能不懂心理学，更不能没有心理学。

关于我们的心理世界，有很多神奇而有趣的现象，正是这些有趣而神秘的事情揭示了世界、人类运行的逻辑规律，推演命运发展的因果关系，而这些就是北大心理课所要专注的主要内容。

《北大心理课》囊括了认知心理学、性格心理学、情绪心理学、行为心理学、成功心理学、人际关系心理学等多个心理学分支，无论是生活、工作还是人际交往、情绪等，都涉及了。课程采用通俗易懂的语言，结合具体事例，同时介绍一些非常实用的方法，并在开篇引用名人名言。这些方法无须您细细揣测，完全可以拿来就用，帮你轻松掌握心理学的智慧与奥秘，教你从生活、工作、情感、人际关系等各个方面提升自己，应对各种突如其来的困难和麻烦，帮助你更好地树立自己的形象、处理和朋友的关系等。从而更好地了解自己、读懂他人、认识社会，拥有融洽的人际关系、良好的心态和幸福的生活。

美国心理学家马斯洛曾说过："人生虽不完美，却是可以令人感到满意和快乐的。"在这场不断破译人生密码的旅程中，你可能会因为错过一些东西而遗憾，但也会因为收获一些东西而满足，这就是本书将带给你的最大用处。

相信这本书一定能够为您解决生活中的很多问题，轻轻松松学习心理学。我们的目标不是为了能成为心理学专家，而是要理解和运用心理学知识，进而学会如何更理性、更舒适、更精彩地生活。

目 录

第三章　为什么会产生心理错觉

第四章　记忆没有想象中的可靠

第五章　大多数人实际上并不理性

第十章　让自己倾听心灵的声音

第十一章　懂得宣泄压力的人更健康

第一章　看懂行为背后的性格密码

　　个人性格的问题，不是别人管得着的。我常常以为性格不是优点，也不是缺点，是特点。不同的性格互见短长，各有代价，有百害而无一利是少见的。

——郑也夫

（北京大学教授，著名社会学家）

每个人都有不同的性格

　　性格又称个性，源于古希腊语 Persona。它原是古希腊时代的戏剧演员在舞台上戴的面具，它代表剧中人物的角色和身份，面具随人物角色的不同而变换，体现了角色的特点和人物性格，犹如中国传统京剧中的脸谱。

　　在今天的心理学范畴里，性格是人的个性心理特征之一，它是指在人的认识、情感、言语、行动中，心理活动发生时力量的强弱、变化的快慢和均衡程度等稳定的动力特征。主要表现在情绪体验的快慢、强弱，表现的隐显以及动作的灵敏或迟钝方面，因而它为人的全部心理活动表现染上了一层浓厚的色彩。它与日常生活中人们所说的"脾气""气质""性情"等含义相近。

　　性格是在人的生理素质的基础上，通过生活实践，在后天条件影响下形成的，并受到人的世界观、人生观等价值观的影响。它的特点一般是通过人们处理问题、人与人之间的相互交往显示出来的，并表现出个人典型的、稳定的心理特点。

公元前 202 年 12 月寒冬，项羽率 10 万楚军，被 70 万汉军围困在垓下。这时候，楚军断炊绝粮，饥寒交迫，外无援兵，已成孤军。夜间，项羽听到垓下四面楚歌，他大惊："汉军难道都占领了楚地？"

在慌乱之下，项羽作诗送给随行的虞姬："力拔山兮气盖世，时不利兮骓不逝。骓不逝兮可奈何，虞兮虞兮奈若何！"虞姬感到项羽气数已尽，于是壮烈自刎。项羽性格的敏感程度太高，四面楚歌，虞姬自刎，都让他身心大受刺激。

后来，经过激战，项羽到达乌江边，乌江亭长停船岸边，对项羽说："江东地方小，可也有千里土地，数十万人口，割据一方，足以称王，愿大王赶快渡江，现在有臣有船，定能突出重围。"

项羽闻听此语，说道："天要亡我，我还渡江干什么呢？当年我带江东子弟八千人渡江向西，今天，无一人生还，纵然江东父老可怜我，尊我为王，难道我就不觉得愧疚么？"项羽内心的悲伤愈盛，后来又将跟随自己多年的战马送给了亭长。

当心爱的女人虞姬、曾经出生入死的兄弟、战马等都离开自己了，项羽感到了无比绝望、悲怆……

到了最后，项羽对认出他的汉军将领说："我听说汉王悬赏千金，封邑万户要我的头，我就为你做件好事吧！"说完就自刎了。

项羽认为自己愧对虞姬，愧对江东父老，不忍心杀马，还为别人"做件好事"，这种狭隘的性格让他过度顾及他人和环境的感受，最后死在自己的手中。

历史人物中，项羽的性格很典型。虽然各种历史版本对项羽的描写各有不同，褒贬不一，但作为心理学的案例来说，项羽在历史中的故事发展属于敏感人格的表现。

这个世界上的人形形色色，没有任何两个人的人格特征完全相同。比如在日常生活中我们常看到，有的人谦虚好学，有的人狂妄自大；有的人公而忘私，有的人自私自利；有的人喜怒形于外，有的人则遇事不动声色；有的人和蔼可亲，有的人蛮横无理。但是性格不同是不是一定意味着矛盾和争执呢？

其实不一定，我们既然理解了人和人本来就不同，就应该放开心胸，不必强求别人和自己一样。在一些非原则性的小事上强求别人，其实是在自寻烦恼。只从自身的角度出发看问题，固执己见，强人所难，我们的生活将不得安宁。能和不同性格的人求同存异，和睦共处，其实是一种处世艺术。

性格是在人的社会化过程中形成的，因此它总是受一定社会环境的影响，性格是个体的先天素质与其所遭遇的复杂多变的社会关系所构成的矛盾的统一，从而产生了一系列的内外部的行为。人的性格形成一半来自先天的遗传基因，一半来自后天的环境。每个人性格的不同决定其把握机遇的能力也不同。后天的可塑性对于人的性格成长非常重要，尤其是幼儿时期的生长环境，对一个人性格有终生的影响。

人的性格并不是一朝一夕形成的，但一经形成就比较稳定，并且贯穿在他的全部行动之中。因此，个体一时性的偶然表现不能认为是他的性格特征，只有经常性、习惯性的表现才是他真正的性格特征。性格是稳定的，但又不是一成不变的。性格是一个人在主体与客体的相互作用过程中形成的，同时，又在主体与客体的相互作用过程中发生缓慢的变化。

恩格斯说过：人的性格不仅表现在他在做什么，而且表现在他怎样做。"做什么"表明一个人追求什么、拒绝什么，反映了人的行为动机及对现实的态度。"怎样做"表明一个人如何去追求想要东西、如何去拒绝想避免的事情，反映了人的活动方式。在古希腊德而菲神庙上有句古老的格言："认识你自己。"只要人类存在，人们对自己的探索就不会停止，人之所以探索性格的问题，是因为人们希望自己能更好地把握世界。人们在自然和社会中寻求发展的同时，不断反思，反躬自问，探索着行为与人性、性格的关系，以求更好地掌握自己的人生。

性格是如何形成的

性格的形成是一个过程，随着年龄的增长和阅历的丰富，性格会慢慢地走向成熟。根据心理学家的观察和研究，人的性格在形成过程中，大致要经历三个阶段。

1. 性格的雏形阶段

在一个人的幼年和童年期，儿童本身所固有的生理特征（气质类型），经过家庭的早期教育和周围环境的影响，个人性格开始出现最早的雏形。

2. 性格的成型阶段

随着年龄的增长，儿童变成少年以至青年，开始从事积极的独立活动，并在活动过程中不断接受各种外界影响，性格开始形成个人所特有的独特风格，并以区别于他人的、基本稳定的性格类型表现出来。

3. 性格的完善阶段

一个人进入成年，积累了丰富的生活经验，认识了外在世界和主观世界发展的规律性，有了评判性格优劣的能力。或者，当一个人形成了世界观和理想，并开始按照这个世界观和理想来塑造自己的时候，对性格进行自我调节、自我改进的愿望就会产生，性格也就会通过这种自我调节、自我改进逐渐变得成熟。

我们已经了解到，性格对人的一生有决定性的影响，因此，我们有必要不断地完善自己的性格，使它日益成熟。性格的修炼与完善是一辈子的事，任何人都不敢说自己的性格已经完美无缺，不需要完善了，性格修炼与完善是贯穿人的一生的。但与其他阶段相比，青年时期的性格修炼与完善更为重要。

　　青年时期正是性格开始成型还未定型的成长时期，具有很强的可塑性。在这一时期，各方面都在迅速成长起来，可是各方面又都没有成熟，身体各部位还在继续发育和生长，各种器官和机能处在逐渐成熟的过程中。在心理上，思维、记忆、情感、兴趣、能力和性格，都处在发展和形成的旺盛期。一切都还未定型，变动性大，可塑性也强。这个时候，正是进行自我修炼，把自己引向正确方向的最好时期。如果在这个时期不能完成塑造自己性格的任务，那么以后就很难完成了。生活实践告诉我们：青年时期的改变是比较容易的，年轻人在自然生长的过程中不断改变着，而成年人却几乎没有什么改变，就是有也很困难。

　　我们知道，人的发展是以前一阶段向后一阶段过渡的形式进行的，向下一阶段的过渡是以本阶段的发展为前提的。如果在前一发展阶段形成的准备很成熟，那么，向下一阶段的过渡就能顺利地进行。青年时期乃是一个人由孩童向成人过渡的最重要阶段，是人发展的重要时期。这个时候如果基础没有打好，将会影响到今后一辈子的发展。成年之后，不得不回过头纠正青年时期形成的不良性格时，将需要多费几倍乃至十几倍的努力才行。所以，我们一定要十分重视青年时期的性格养成，认真进行自我完善，尽最大努力在这个时期为今后一生性格的发展，打下良好的基础。

　　从心理上看，青年往往一方面更加迫切地要求认识周围的世界，另一方面也开始饶有兴趣地研究自身，研究自己的能力和性格，研究怎样为人处世。这个时候青年已进入自我意识阶段，开始意识到自己，并且想把自己塑造成受人尊敬的人。因此，这时往往有着自我完善的强烈愿望。

　　从思想发展来看，青年此时正在或已经受过中学教育，形成了一定的知识体系，对人生、社会有了自己的认识，并且开始以一定的方式对待人和社会事件，对自己的职责也有了一定的认识，对自己的未来有了一定的规划。青年人一方面为理想将要变为现实而跃跃欲试；另一方面，又为自己缺乏实践经验而感到焦虑不安。在这行将独立走上生活道路的时候，青年的成人感、责任感和自尊感迅速地增强，渴望重新认识自己，迫切要求改善自己，并开始努力学习掌握、控制和改造自己。这样，青年不但获得了自我修养的内在动力，而且在知识、信念、人生观等方面也都具备了自我修养的基础。

从生理上看，青年的身体发育已接近成人的水平，神经系统，特别是大脑皮质的结构和机能也已经发育完全，兴奋过程和抑制过程趋于稳定，基本上具备了自我掌握和自我控制的能力。青年时期抽象逻辑思维的发展，对情感、意志和自我意识等也都有很大影响，比如能使情感更加丰富而深刻，意志更具有果断性和批判性，理智更加明晰，行为更具有目的性、计划性，等等。总之，一个人进入青年期后，在各个方面都已具备了按一个成人的样子塑造自己的条件。青年应该充分利用这个条件，抓住有利时机，及早进行性格的自我修炼和塑造，为以后的人生之路打好基础。

人的本性难移

俗话说：江山易改，本性难移。这里的"本性"是就人格而言的。人格是一个心理学术语，类似于我们平常说的个性，是指一个人与社会环境相互作用表现出的一种独特的行为模式、思维模式和情绪反应的特征，也是一个人区别于他人的特征之一。因此人格表现在思维能力、认识能力、行为能力、情绪反应、人际关系、态度、信仰、道德价值观念等方面。人格的形成与生物遗传因素有关，但是人格是在一定的社会文化背景下产生的，所以也是社会文化的产物。

从心理学角度讲，人格包括两部分，即性格与气质。性格是人稳定个性的心理特征，表现在人对现实的态度和相应的行为方式上。从好的方面讲，人对现实的态度包括热爱生活、对荣誉的追求、对友谊和爱情的忠诚、对他人的礼让关怀和帮助、对邪恶的仇恨等；人对现实的行为方式比如举止端庄、态度温和、情感豪放、谈吐幽默等。人们对现实的态度和行为模式的结合就构成了一个人区别于他人的独特的性格。

性格从本质上表现了人的特征，而气质就好像是给人格打上了一种色彩、一个标记。气质是指人的心理活动和行为模式方面的特点，赋予性格光泽。同样是热爱劳动的人，可是气质不同的人表现就不同：有的人表现为动作迅速，但粗糙一些，这可能是胆汁质的人；有的人很细致，但动作缓慢，可能是黏液质的人。

人格很复杂，它是由身心的多方面特征综合组成。人格就像一个多面的立方体，每一方面均为人格的一部分，但又不各自独立。人格还具有持久性。人格特质的构成是一个相互联系的、稳定的有机系统。张三无论何时何地都表现出他是张三；李四无论何时何地也都表现出他是李四。一个人不可能今天是张三，明天又变成李四。

有一个地方住着一只蝎子和一只青蛙。一天，蝎子想过一条大河，但不会游泳，于是它就央求青蛙道："亲爱的青蛙先生，你能载我过河吗？"

"当然可以。"青蛙回答道，"但是，我怕你会在途中蜇我，所以，我拒绝载你过河。"

"不会的。"蝎子说，"我为什么要蜇你呢，蜇你对我没有任何好处，你死了我也会被淹死。"

虽然青蛙知道蝎子有蜇人的习惯，但又觉得它的话有道理，它想，也许这一次它不会蜇我。于是，青蛙答应载蝎子过河。青蛙将蝎子驮到背上，开始横渡大河。就在青蛙游到大河中央的时候，蝎子实在忍不住住了，突然弯起尾巴蜇了青蛙一下。青蛙开始往下沉，他大声质问蝎子："你为什么要蜇我呢？蜇我对你没有任何好处，我死了你也会沉到河底。"

"我知道，"蝎子一面下沉一面说，"但我是蝎子，蜇人是我的天性，所以我必须蜇你。"说完，蝎子沉到了河底。

人格具有稳定性。在行为中偶然发生的、一时性的心理特征，不能称为人格。例如，一位性格内向的大学生，在各种不同的场合都会表现出沉默寡言的特点，这种特点从入学到毕业不会有很大的变化。这就是人格的稳定性。

人格的稳定性表现为两个方面：一是人格的跨时间的持续性。在人生的不同时期，人格持续性首先表现为"自我"的持久性。每个人的自我，即这一个的"我"，在世界上不会存在于其他地方，也不会变成其他东西。昨天的我是今天的我，也是明天的我。一个人可以失去一部分肉体，改变自己的职业，变穷或变富，幸福或不幸，但是他仍然认为自己是同一个人。这就是自我的持续性。持续的自我是人格稳定性的一个重要方面。二是人格的跨情境的一致性。所谓人格特征是指一个人经常表现出来的稳定的心理和行为特征，那些暂时的、偶尔表现出来的行为则不属于人格特征。例如，一个外向的学生不仅在学校里善于交往，喜欢结识朋友，在校外活动中也喜欢交际，喜欢聚会，虽然他偶尔也会表现出安静，与他人保持一定的距离。

人格的稳定性源于孕育期，它经历出生、婴儿期、童年期、青少年期、成人以至老年。随着年龄的增长，儿童时代的人格特征变得愈加巩固。一般而言，人在 20 岁时人格的"模子"就开始定型，到了 30 岁时便十分稳定。由于人格的持续性，因而我们可以从一个人在儿童时期的人格特征来推测其成人时的人格特征以及将来的适应情况。同样也可以从成人的人格表现中来推论其早年的人格特征。

人格的稳定性并不排除其发展和变化，人格的稳定性并不意味着人格是一成不变的。人格变化有两种情况：第一，人格特征随着年龄增长，其表现方式也有所不同。同是焦虑特质，在少年时代表现为对即将参加的考试或即将考入的新学校心神不定，忧心忡忡；在成年时表现为对即将从事的一项新工作忧虑烦恼，缺乏信心；在老年时则表现为对死亡的极度恐惧。也就是说，人格特性以不同行为方式表现出来的内在秉性的持续性是有其年龄特点的。第二，对个人有重大影响的环境因素和机体因素，例如移民异地、严重疾病等，都有可能造成人格的某些特征如自我观念、价值观、信仰等的改变。不过要注意，人格改变与行为改变是有区别的。行为改变往往是表面的变化，是由不同情境引起的，不一定都是人格改变的表现。人格的改变则是比行为更深层的内在特质的改变。一个人如果想改造另一个人，应该明白，这种改变是有限的，因为一个人的人格具有稳定性，正所谓"江山易改，本性难移"。

你属于哪种性格

人的性格各不相同。自古以来，人们就对人的性格类型做了无数的划分，但是由于性格的复杂性，至今还没有对性格的类型有一个公认的分类方法。

一户人家有一对双胞胎儿子，十分可爱，但两人性格大相径庭，一个很乐观，一个却非常悲观。双胞胎的父亲对儿子们的表现甚为担忧。

这天是两个孩子的生日，父亲为了帮他们进行"性格改造"，便分别为他们准备了不同的生日礼物。父亲把那个乐观的孩子锁进了一间堆满杂物的屋子里，把悲观的孩子锁进了一间放满漂亮玩具的屋子里。

一个小时后，父亲走进悲观孩子的屋子里，发现他坐在一个角落里，正一把鼻涕一把眼泪地哭泣。父亲看到悲观的孩子泣不成声，便问："你怎么不玩那些玩具呢?""玩了就会坏的。"孩子仍在哭泣。

当父亲走进乐观孩子的屋子时，发现孩子正在兴奋地用杂物和废纸堆一个模型。看到父亲来了，乐观的孩子高兴地叫道："爸爸，这是我的新房间吗，我以后可以天天在这个房间玩吗?"

这位无奈的父亲很忧虑，自己的双胞胎儿子怎么这么的不同呢?

从某种程度上来说，双胞胎的性格是最相近的，但孪生兄弟何以会有如此大的差别呢? 根据公元前5世纪古希腊医生希波克拉底的看法，人体内有四种体液，而这四种体液造就了人们的四种气质，分别是多血质、黏液质、胆汁质、抑郁质。不同的气质，导致了不同的表现。这种分析方法一度是心理学上判断人们特质的依据，人们在情绪反应、活动水平、注意力和情绪控制方面表现出的个体差异是区别于他人的特征之一。

人的气质是先天形成的，孩子一出生，最先表现出来的差异就是气质差异。气质是人的天性，它给人们的言行涂上某种色彩，但不能决定人的社会价值，也不直接具有社会道德评价含义。气质不能决定一个人的成就，不同气质的人经过自己的努力可能在不同实践领域中取得成就，也可能成为平庸无为的人。

气质本身并没有好坏之分，因为任何一种气质类型都有其积极的一面和消极的一面。例如，多血质的人灵活、亲切，但是轻浮、情绪多变；黏液质的人沉着、冷静、坚毅，但是缺乏活力、冷淡；胆汁质的人积极、生气勃勃，但是暴躁、任性、感情用事；抑郁质的人情感深刻稳定，但是孤僻、羞怯。因此，我们要注意发扬气质中积极的方面，克服消极的方面，这样才能完善自我。

气质	特点
多血质	灵活性高，善于交际，却有些投机取巧，易骄傲，受不了一成不变的生活。
黏液质	反应较慢，能克制冲动，严格恪守既定的工作制度和生活秩序；情绪不易激动，也不易流露感情；自制力强，不爱显露自己的才能；固定性有余而灵活性不足。
胆汁质	情绪易激动，不能自制；不善于考虑能否做到，工作有明显的周期性，当精力消耗殆尽时，便失去信心，情绪顿时转为沮丧而一事无成。
抑郁质	高度的情绪易感性，主观上把很弱的刺激当作强作用来感受，常为微不足道的原因动感情，且持久；行动表现上迟缓，有些孤僻；遇到困难时优柔寡断，面临危险时极度恐惧。

这四种性格类型及其特点是：

（1）敏感型。这类人精神饱满，好动不好静，办事爱速战速决，但是行为常有盲目性。与人交往中，往往会拿出全部热情，但受挫折时又容易消沉失望。这类人最多，约占40%，在运动员、行政人员和其他职业的人中均有。

（2）感情型。这类人感情丰富，喜怒哀乐溢于言表，别人很容易了解其经历和困难，这类人不喜欢单调的生活，爱感情用事，讲话写信热情洋溢。在生活中喜欢鲜明的色彩，对新事物很有兴趣。在与人交往中，容易冲动，有时易反复无常，傲慢无礼，所以有时与其他类型人不易相处。这类人占25%，在演员、活动家和护理人员中较多。

（3）思考型。这类人善于思考，逻辑思维强，有较成熟的观点，一切以事实为依据，一经做出决定，能够持之以恒。生活、工作有规律，爱整洁，时间观念强，重视调查研究和精确性。但这类人有时思想僵化、教条，纠缠细节，缺乏灵活性。这类人约占25%，在工程师、教师、财务人员和数据处理人员中较多。

（4）想象型。这类人想象力丰富，喜欢憧憬未来，在生活中不太注重小节。对那些不能立即了解其想法的人往往很不耐烦。有时行为刻板、不易合群，难以相处。这类人不多，大约只占10%，在科学家、发明家、研究人员和艺术家、作家中居多。

影响性格形成的力量

每个人的任何性格特征都不是一朝一夕形成的，而是由遗传因素、家庭环境、社会环境、教育和自身的实践共同、长期塑造而成的。一个人的社会环境，包括他的家庭、学校、工作岗位、所属社会集团以及各种社会关系等。其中的各种社会关系与生活条件，以及人对它们的反应，也对性格的形成有一定影响。

1. 遗传因素

生活中常常会有这样的现象：父母和孩子在举手投足、一颦一笑之间有着惊人的相似，像是在一个模子中铸出来的。有句俗话概括了这种颇为常见的奇特现象："龙生龙，凤生凤，老鼠的儿子会打洞。"其实，这种现象说奇特也并不奇特，它只不过是说明了遗传和环境对性格形成的特别作用。

事实上，不仅父母与子女之间存在着这种奇妙的相似，就是同一父母所生的兄弟姐妹之间，在言谈举止之中也会有或多或少的相似之处，自己不觉得，外人却能一下子发现。这也说明了遗传对性格的影响。

关于遗传对于孩子性格形成的作用，有所谓的"先天生成说"或"遗传决定说"。它指的是一个人的性格在出生时就已被决定了，终其一生都不会改变或只是有很小的改变，遗传在孩子性格的形成过程中起到了关键性的作用。

支持"先天生成说"或"遗传决定说"的最有力的证据，

是家庭系统研究，即"家系研究"。它通过观察某家族所有成员是否具有某种共同的特征，来考察遗传对性格形成的影响的程度。这方面的研究结果表明：有些家庭成员普遍有某方面的特殊才能，如德国著名作曲家巴赫家族在连续五代中出现过 13 个创作能力极强的作曲家，17 世纪瑞士著名数学家贝努利家族出了 8 个极其优秀的数学家。

家族系统研究还表明，不仅一些特殊才能可以由上辈遗传给下辈，一些不良性格也可能在下辈身上再现出来，如某些家庭中出现罪犯的比例较高，这是由于他们的犯罪性格由上代遗传给了下一代。

日常生活中，我们有可能发生这样的现象：有些双胞胎在外貌上很相似，让人几乎不可辨认，在外人看来他们的性格竟然也有某种相似性，这更增加了区分的难度。恐怕除了至亲好友，别人是不能轻易确定站在自己面前的是哥哥还是弟弟，是姐姐还是妹妹的。

我们还发现，在一家之中，如果父母成天乐呵呵的，对人总是笑脸相迎，其孩子也必然是笑口常开的人。相反，如果父母成天阴着一张脸，孩子也很少会用好脸色示人，这也是遗传对一个人性格形成的作用。有关遗传对人的性格形成的影响的研究还表明，有的人很善解人意，很体贴他人，善于为他人着想，有的人却满脑子自私思想，一门心思想自己，时时处处以自我为中心，这种个性上的分歧在很大程度上也是缘于遗传。

2. 家庭环境

"龙生龙，凤生凤"，这是强调遗传因素对孩子性格的形成有很大的影响，但是这并不绝对。孩子有可能在个性方面酷似父母，但也有可能不像父母，这就要谈到父母个性对孩子个性的间接影响——通过家庭环境的影响来实现。

家庭环境对孩子个性的影响又可分为积极影响和消极影响。这就要涉及父母两人个性的相互影响、配合问题。首先，父母个性的相映成趣对孩子个性的形成、发展和丰富具有积极的促进作用。比如父母中有一位是胆汁质气质，另一位是黏液质气质，这样两种个性刚好形成互补，这样的父母一唱一和，张弛有致，孩子就能从父母的言行举止中感受到家庭的魅力、生活的乐趣、人生的幽默感。生活在这类家庭中的孩子往往会形成乐观、开朗的个性。相反，若是父母的气质类型相同（多血质还好点），要发脾气两人大动干戈，要温柔起来，两人情意绵绵，家庭环境也形成夏日型环境：一会儿狂风暴雨，一会儿晴空万里。这样的个性组合对孩子个性的形成往往具有消极影响。他们往往对父母的行为感到不知所措，再开朗、乐观的孩子也会变成一副坏脾气，沉默、抑郁、苦恼、少年老成。

此外，父母对孩子个性的影响还表现在父母本身的个性影响力上。一般说来，多血质和胆汁质气质的父母比较能吸引孩子的注意力，这两种"外向型"的气质，极大地影响了孩子的说话方式和行为方式，从而使他们很容易形成类似父母的个性。如果父母性格比较沉郁，孩子在沉寂的家庭环境找不到多少快乐，就会把目光投向外界，从周围的环境中寻找欢乐，从而丰富自己的个性内涵，使孩子在未来形成与父母相差甚远的个性。或者孩子在父母的影响下也形成了郁郁寡欢的性格，这对孩子的发展极为不利。

在人生的过程中，家庭是孩子最早接触的教育环境，父母是子女最早接触的教师，因此父母的性格对孩子最具潜移默化的影响。

3. 社会环境

性格的形成与一个人生活的周围环境有很大的关系，孟母三迁的故事是这方面很好的例子。

孟子是我国著名的教育家和思想家，是儒家学派的代表人物。孟子小的时候非常调皮，他的母亲为了让他受好的教育，花了很多的心血。起初，孟子和母亲居住在墓地旁边。孟子就和邻居的小孩一起学着大人跪拜、哭嚷的样子，玩儿办理丧事的游戏。孟子的母亲看到了，心里想："不行！这个地方不适宜孩子居住，我不能让我的孩子再住在这里了！"于是就将家搬到了市集旁边。到了市集，孟子又和邻居的小孩学起商人做生意的样子，一会儿鞠躬欢迎客人，一会儿招待客人，一会儿和客人讨价还价，表演得像极了。孟母知道了，就想："这个地方也不适合我的孩子居住！"于是，他们又搬家了。这一次，孟母将家搬到了学校附近。夏历每月初一这一天，官员进入文庙，行礼跪拜，揖让进退，孟子见了，一一记住。他开始变得守秩序、懂礼貌、喜欢读书。这个时候，孟母才高兴地点着头说："这才是我儿子应该住的地方呀！"于是就在这里定居下来了。

生活中我们发现，贫苦人家的孩子懂事早，比别的同龄孩子早成熟，这是由于"穷人的孩子早当家"。我们还发现，某些才能卓越的孩子，是由于他们自小就生活在一个有助于他们发展特殊才能的家庭环境中。这些都是环境带来的影响。

在那些一个家族同时产生很多音乐家的例子中，虽说音乐天赋的遗传在其中占了很大的比重，但我们也绝不能否认来自音乐环境的熏陶。一个具有很高音乐天赋的小孩，如果生长在一个与音乐完全绝缘的环境中，恐怕也很难在音乐方面有所作为。

生活中，我们可能还有这样的经验，那就是一个从小生活在优裕环境中的人，由于他从来不为一些日常小事发愁，所以很容易形成一种大度豁达的性格，不会斤斤计较，什么事都放得开，且有一种包容的气度。在书香门第中长大的孩子，举手投足之间都会透出一种温雅的气质。农村来的孩子其性格中的朴实与憨厚也是掩盖不住的。有良好家教的孩子待人接物有节有礼，对待老人尊爱有加。相反，从小娇生惯养的孩子则可能显得骄横跋扈，让人难以接近。这些都是环境对人的性格发生作用的有力实证。

环境对性格形成的影响还有更多的例子：常与他人交往的孩子在处理人际关系方面有很强的能力，在众人面前显得落落大方；相反，与人交往较少的小孩子多会形成文静内向的性格，拙于与人交往，一说话就脸红，显得忸忸怩怩，不知所措。

4. 教育因素

除了遗传因素、环境因素会对人的性格产生巨大的影响，教育也是其中一个不容忽视的因素。

达尔文在童年时代曾被学校认定"是一个很平庸的孩子，远在普通的智力水平以下"。达尔文家中有一座不小的花园，他和兄弟姐妹整天在万花丛中玩耍。儿时的生活环境，使达尔文对生物学产生了兴趣。达尔文很爱看书，科学书和文学书都爱看，尤其是《世界奇观》之类，引起了他的幻想，他想去远游，认识世界。为此，学校校长责骂他是"二流子"，父亲教训他："除了打猎、养狗、捉老鼠以外，你什么都不操心，将来会玷辱你自己，也会玷辱你的整个家庭。"在这些不良教育的影响下，达尔文逐渐地形成了孤僻、不合群、胆小等性格特点。

幸好他的母亲及时对他进行积极的教育，使他终成大师。达尔文的成才要归功于他母亲苏姆娜早年的引导。她的母亲掌握了儿子喜欢自然生物这一心理特点，并且巧妙地运用了它。"比一下吧，孩子，看谁先从花瓣上认出这是什么花？"达尔文比哥哥姐姐认得快，妈妈就吻他一下。这对孩子来说，可以说是一种心理奖赏。而当发现一只彩蝶飞来时，母亲不仅逗引孩子去捉住它，还诱导孩子数出彩蝶翅膀上的各种颜色和斑点，然后又进一步去启发孩子去比较蝴蝶之间的异同，一步一步地把达尔文带进丰富多彩的"生物王国"。

正确的教育是引导孩子走上成功之路的关键。许多家长的不正确做法妨碍了孩子才能的发挥。如在孩子还很小的时候，就为他们的一生做好了设计。而大多的家长则更偏重于子女文化知识的学习（智育），而忽视对子女兴趣、爱好的广泛培养。孩子在学习之外表现出来的兴趣和爱好，被认为是不务正业，学校则以学习为主题剥夺了学生课外活动时间。父母不根据孩子本身所具有的特长，让孩子自然地朝着符合自身实际的方向发展，而是按照家长的设想，从很早时就把孩子放进了一个模型中。这样做的结果只能使孩子的创造性与丰富的才能夭折。同时，生活在这样环境中的孩子，容易形成狭隘、孤僻、自闭等不良性格，对孩子的成长极为不利。

怎样看穿一个人的性格

有些人对星座特别着迷，总是会追问别人的生日，然后经过一番仔细的研究比对后再神秘兮兮地告诉对方："原来你是天秤座，那你的性格应该是……""你是白羊座的，你的性格应该是……"听的人有时会觉得自己的性格确实是这样的，从星座看性格还挺准的，有的人则会感觉压根就不是这么回事，简直在胡言乱语。不管信与不信，星座与性格的关系还是有一大批人在关注、在研究，并且分析得越来越细。除了星座性格学，还有人非常着迷从血型看性格、从生肖看性格等。网上也有五花八门、各式各样的性格分析。甚至现在网上还出现了透过宠物看主人性格的测试，通过你养了什么宠物，就能知道你是什么性格的人，还有通过作息时间来看性格。养什么样的宠物和作息时间真的能看出一个人的性格吗？人们为何有探究别人性格的心理呢？

无论相信星座还是血型甚至生辰八字，抑或通过宠物和作息时间来分析，大家的目的都是想弄清楚别人的性格。性格体现了人们对现实世界的看法，并用他的行为举止进行表现。性格是在后天的社会生活中逐渐形成的，如害羞、暴躁、果断、英勇、刚强等，性格和先天所形成的本性如虚荣、懒惰、贪婪不同。

理查德·怀斯曼是英国赫特福德大学的教授，他曾经利用网络对两千多名养宠物的人进行调查，调查内容包括社交能力、情感稳定性和幽默感。通过研究结果，我们能看出，养鱼的人最快乐，更加满足于现状，养狗的人更易于相处，而养猫的人情感纤细敏感，有依赖感，最独立的是养爬虫类宠物的人。

调查还表明饲养宠物的人和其宠物在性格上基本趋向一致。主人与宠物的性格会随着时间的增加而越来越相近。有20%的宠物主人声称自己和宠物的性格有相似的特点，如果饲养宠物的时间超过7年，将会达到40%的比例。怀斯曼说："这就像夫妻一样，在一起生活得越久，他们的外貌和性格就会越来越相近，主人和宠物在一起的时间越长，两者之间就会越相似。宠物的性格可以在一定的程度上反映主人的性格。"

怀斯曼教授是用统计学的方法来研究心理学的原理。心理学中有"相似性效应"，即人们从心理上更愿意接受与自己相似的人或物。就像"物以类聚，人以群分"一样，人们总爱和志同道合的人在一起探讨问题处理事情。无论是将人的性格分为"开放""尽责""外向""令人愉快""神经质"5类，还是分为"现实型""探索型""艺术型""社会型""管理型""常规性"6类，以及用血型分出的四类和星座分出的更多类，都是在实验的基础上统计出来的，所以具有一定的科学道理。

怀斯曼教授对作息时间与人性格的关系同样做过研究。他对近400人做过问卷调查，调查结果显示，早睡早起的人不喜欢抽象的概念而喜欢具体的信息，他们的判断来自逻辑推理而非直觉，他们一般拥有内向的性格，具有很强的自制力，希望能够把好印象留给别人；晚睡晚起的人则比较独立，喜欢冒险和不守规则，他们对人生的思考充满创意。

为什么一些人有着窥探别人性格的心理？其实他们是想通过了解别人的性格，更容易与别人相处，来赢得别人对自己的信任。性格有好有坏，它受一个人的人生观、价值观、世界观的影响，能够直接地反映一个人的处事方式和道德风貌。所以，在警察办案中，也会运用性格分析来探求犯罪人的性格，找寻作案的动机。

当你晚上在外散步时，你会很容易和遛狗的人交谈起来，因为你知道了养狗的人性格比较外向，容易与之相处，而你一定不会走向抱着猫的人。你在追求女孩子时，也可以通过她养的宠物来推断她的性格，进而去想怎样取悦她。试想一下，如果你是一个大人物，你更愿意亲近养着狗的奥巴马还是养着老虎的车臣共和国总统卡德罗夫？如果你不知道你的老板是云雀还是夜莺，那你肯定没有知道老板性格的同事更能获得老板的喜欢和提拔。

虽然说物似主人形，心理学家也通过统计认为从宠物性格可以看出主人的性格，但是，这样的性格分析与从作息时间看人的性格以及星座性格学、血型性格学还有其他的性格分析一样，都是从调查统计中获得的结论。当然，这些结论有一定的道理，但这毕竟只是一种靠归纳获得的一般原理。正所谓："龙生九子，子子不同。"大千社会，芸芸众生，根本找不到两个性格完全一样的人。所以，在与人的社会交往中，不能迷信性格分析，把它当作放之四海而皆准的真理。

几年前，世界各国领导人在瑞士的经济论坛上共同探讨全球的重大问题。在会后，人们找到了一位重要的与会者不小心留下的纸条，媒体对此很感兴趣。笔迹专家通过上面的笔迹分析了这个人的性格，最终认定这是英国首相布莱尔在开会时信笔涂鸦留下的。但是，事实是这张纸条并不是布莱尔的，而是微软的创始人比尔·盖茨的。

从一个人的笔迹中看出这个人的性格，是许多人推崇的，不是有人从崇祯皇帝的书法中看出这个人心胸狭隘吗？虽然说从一个人的笔迹中不能准确地看出此人的智力、健康甚至犯罪倾向，但还是能大概推测出此人的一些性格。那为什么笔迹专家都失误了呢？这是因为从笔迹看性格也是用归纳的方法得到的一般原理，并不一定适合每个个体，这和从宠物性格和作息时间看一个人的性格是一样的，性格分析有时是能大概看出一个人的性格的，但并不适用于所有时候所有人。

可见，在社会中与人交往时，性格分析只是一个参考，我们应该做的是尽量真诚地与人交往，这样才能在交往中游刃有余。

性格心理测试准吗

我们身边有很多这样的朋友，他们对各种各样的心理测试抱有浓厚的兴趣，通常在论坛上或 QQ 群里发出一些测试，并能够迅速得到回复，接着便是催促发帖者："快给答案!"尽管他们得到的答案有些会被认同，有些会被当作玩笑嗤之以鼻，但下一个测试帖出来后他们仍然兴致勃勃。

如若问起"为什么爱测试"这个问题，得到的回答通常是这样："觉得好玩""试试准不准""想要多一点了解自己"。

确实如此，大多数人喜欢心理测试，只是想多了解一点自己。想知道"我"是怎样的人，"我"应该从事什么样的职业，有没有获得成功的捷径？特别是那些曾经遭遇过挫折或正在遭受挫折的人，他们更希望能够通过某种方法得到宽慰。

多了解一点自己的迫切心情，就是人们爱做心理测试的心态之一。他们害怕与机遇擦肩而过，想获得适合自己的发展空间。但他们中的多数人也许并不知道，通过科学的测试，这种心态驱使下期望达成的目标，在某种程度上是可以实现的。

麦尔斯性格类型测试量表就指出：有些人很注重细节，那么他自然就很难与一个大大咧咧的人相处融洽。而霍兰德六边形理论把人的兴趣分门别类，一共有 6 种不同类型，所有的职业也可以纳入这 6 种对应的类型，这样一来"人"与"职业"

就能够实现有效的匹配了。

学心理学的李燕在考研之前做了很多相关的心理测试，测试结果表明，她是一个倾向于研究和操作型的人，从事心理咨询工作与她的性格相悖，在这个领域获得成就的机会较少。而以往的经验告诉李燕，她的确在与人沟通方面有缺陷。于是，她明确了自己的人生方向，选择了另一种职业，并获得了成功。

可见，有效工具的应用是可以有助于人的"天命"定位的。开玩笑地试想一下，如果孔夫子也能在早年用霍兰德测评的话，他会不会更早地知道自己要做一名伟大的教师呢？可他没有这样的测试工具可用，所以周游列国几十载，到了 50 岁才感慨"五十知天命"。

现实生活中，我们很多人最先想到的努力方向不再是踏实工作，而是开始寻求自己最大的价值空间，尽可能多地了解自己。以前的成功人士热衷于"低头拉车"，现在的人们则都在"好高骛远"，期望简单地创造奇迹。

尽管已经了解到心理测试只是一种具备一定功效的工具，测出的结果并不能完全符合现实，但我们多数人并不愿意放弃使用，因为很少人愿意只靠自己的努力实现梦想。现实的状况是，我们把关注的焦点都集中在自己身上，不停地为实现自我取得成功寻求简单有效的方式，可以说，有了心理测试后我们变得越来越懒了，这绝非心理测试本身的意义所在。

这就是人们喜欢做心理测试的第二种心态——我们相信别人的话胜于我们对自己的肯定，我们不愿努力付出只爱寻求捷径，并力图在测试结果中寻求一种自我认同，也就是我们常说的缺乏自信的表现。

在测试结果出来后经常有人惊呼"太神奇了"，只是因为这个结果局部肯定了他的性格特征、兴趣爱好，以及行为方式，等等，尽管测试结果是片面的，他们仍然会因得到了一点点肯定而高兴。

在我们生活中很受人们欢迎、传播得很广的有这样一些带有趣味性的小测试，它们图文并茂甚至会插播优美的曲子。这类的测试准确性也许并不高，甚至可能完全是娱乐大众而已。但对于那些热衷于心理测试的人而言，他们根本就不在乎自己是否被愚弄，因为心理测试实在太多了，总有一款"适合你"。

如今网络上依然流行的"猜心术"心理测试游戏，通过你对几件东西的喜爱程度，能够测出你对爱情、金钱、事业，以对家庭的重视程度。你真的需要这个心理测试来告诉你答案吗？当然不是！你要得到的答案其实早就知道了，它们在你的内心深处，但你不够坚强不敢承认，所以你需要这个测试结果来支持你、肯定你。其实，就算答案一点都不准也没关系，你可以不屑一顾："切！不对！再来一题！"直到你感觉被认同了为止！

许多时候人们并不是借助工具在探索自己，而是想证明自己已有的选择是对的，他们极度地缺乏自信，甚至有时会自欺欺人。这就好比在森林里找一只兔子，结果只找到了一只熊，却用枪逼着熊承认自己就是兔子。

因此，许多人才会对心理测试上瘾，不测出一个"好"的结果誓不罢休。有时信任感的缺失不仅仅是对周围人，更多的时候我们连自己都不相信。接着，许多专家就投其所好，编制出各种各样的测评工具。莫非你真能相信让你选择起床后先叠被子还是先开窗户，就可以判断你适合做什么职业吗？我相信答案是否定的。

网络上确实有做不完的测试为你指引着方向或满足着你对认同的需要，但它们也很容易让你变得盲目和懒惰。严格来讲一个正规的心理测试，是需要有一个理论基础的，这样才能有信服力。并且要进行多次试验来证实该测试的可行性，最后才能形成一个科学的测评工具。当然，这样一来花费的成本也是非常高的，但至少它是科学可信的。而我们在网络或是其他媒介上所接触到的测试，可能只是某些人无中生有，为了达到某种效果而蓄意制作的。所以，假如我们希望通过测试带来有价值的信息，就必须具备鉴别的能力，最简单的方法就是看该测试是否取自专业机构的研究成果。

话说到这里便引出另一个话题，就是权威性的心理测试是否全部准确，我们是否能够依此来设计我们的人生呢？

作为一个工作经验相当丰富的心理咨询师，她来到一家企业应聘人事部主管的职位，接待人员拿出一份人格测试题。认真做完试题后，她拿着答卷去见负责人，令人诧异的事情发生了，负责人并不忙着了解她的从业经历，而是将她的答卷与一叠厚厚的分析材料做对比，然后敷衍地问了几个毫无针对性的问题，就请她回去等通知。她自然知道此次面试的结果，可让她觉得难堪的是，工作经验相当丰富的她居然会败给一份心理测试题！

现如今的确有很多专业的心理测试，它们建立在专业人员长期的研究和大量案例分析的基础之上，并且已在使用中不断地加以补充完善，但并不代表它就一定能将所有的状况在测试结果中准确地反映出来。正如《九型人格》测试，它的确能将人的性格特征划分为 9 个类型，但它永远无法将人在职业操守中所取得的诸多经验囊括在内。所以说，迷信或教条地使用这些心理测试是不可取的，因为再好的理论如若没有结合实际就不能发挥应有的功效。

即便你真的能找到一份无可挑剔的心理测试，测试的结果也确实能对你生活中的方方面面产生正面影响，但千万别忘了，这只是你侥幸地找到了一条捷径而已，不踏踏实实地走照样到不了写着"成功"的另一头！

第二章 潜意识的奥秘和力量

只要发挥出自身的全部潜力，你甚至能超越自身的体能极限，最终创造出别人无法创造的辉煌，这点对于每个运动员都十分关键。

——李宁

（毕业于北京大学，奥运冠军）

潜意识影响你的生活

虽然每个人都拥有它，但是并不是每个人都能够自如地使用它，因为它是一个"魔鬼"，拥有魔力。人们的生活就是被这种奇妙的魔力所围绕着，它会带领你走出痛苦和失败，让你摆脱束缚，获得幸福、自由和辉煌，同时它也会让你走向相反的方向，这就是它的魔力所在。

潜意识的魔力已经存在很长时间了，它是生命和心灵的真理，比任何文化都历史悠久。鉴于这个原因，你应该深入地了解它，让它引导你改变你的人生，改变你的命运。所以，你要做的就是敞开你的心扉，让愿望和情感相结合，让潜意识做出回应。

潜意识一点一滴地影响你，慢慢地叠加在你的生活里，最后将现实生活中的你塑造成你潜意识中的那个你，它保持着中立的立场，你的一切行为，不管好坏，它都会接受。潜意识这样长期累积，就会让你模糊了好与坏、对与错。所以要想改变你的生活，必须先改变你的内心，也就是要开发、改变你的潜意识。

只要你接受了潜意识理论，你就会发现改变现实并不是什么难事，这样你就会积极乐观地面对人生。

如何开发潜意识？

第一，培养潜意识的记忆功能。

利用潜意识积累更多的知识和信息，不断地学习新的东西，这样才能让你更加聪明，充满智慧。

为了让记忆更加深刻，你可以采取一些辅助手段，比如不断地学习，多看书、看报纸，拓展创造性思维，协助潜意识为你服务。

第二，训练潜意识的辨别能力。

让它为你的成功服务，而不是引导你走向失败的深渊。

这么做是因为潜意识本身不会分辨对错，但同时又直接支配着人的行为，所以，一个人的成与败都取决于他的潜意识。

因此，要严格地训练自己，多发现和输入有利的信息，让成功的因素占据潜意识的统治地位以支配你的生活；控制可能导致失败的、消极的因素，不要让它们随意地进入你的大脑，它一出现就立即制止，慢慢遗忘，或者对它进行批判、改造，化腐朽为神奇。

第三，利用潜意识的智慧，帮助你解决问题。

潜意识蕴藏着丰富的信息，而且能够创造出新的概念。很多人冥思苦想不得答案的某个问题，结果可能在梦中、走路时突然被找到了，因此要随时记录灵感，不要让它消失，让它帮助我们走向成功。

第四，不断地进行自我暗示和想象。

如果你想要取得成功，就要暗示自己"我会成功，一定能够成功"；想要提高学习成绩，就暗示自己"我学习很好，一定能够取得好成绩"；想要身体健康，就要暗示自己"我身体很强壮，我没有病"。

这样不断反复地确认，你的潜意识就会接受这个指令，你所有的行动和想法就会自动地配合它，朝着这个目标前进，直到实现为止。

如果你重复的次数不够，或者不够坚定，也许就不会有效果，所以一定要不断地重复，这是影响潜意识最关键的一点。因此，想要实现目标，一定要记得重复。

大部分的人只注重外部世界，只有得到启发的人才会更多地关注内心世界。其实内心世界是极其重要的，它是人们的思想、感情，是它们造就了人们的外部世界。因此说，内心世界是人的创造力。所以，想要改变生活的外部世界，必须先改变内心。很多人盲目地在外部找原因，却没有弄清楚，真正的问题就在他们的内心。

生活在一个丰富多彩的世界里，人们的潜意识是非常敏感的，每个人都应该知道怎样使用它，它深深影响着你的思维和习惯，是一切创造的动力，拥有无穷的智慧和财富。

潜意识是情感和思想的根源

潜意识是人们情感的根源。如果想的是好事情，好事就会来找你；如果是坏事情，坏事就会找你的麻烦。这就是潜意识，一旦接受了一个指令，它就会执行，无论好坏，这关键就取决于你自己了，你要是积极地使用它，你收获的就是成功和美好；你要是消极地使用它，那么你得到的指定是失败和不幸。这就是你的潜意识给你的必然结果。心理学家和精神病专家都指出："当思想传递给潜意识时，在大脑的细胞中会留下痕迹，它会立刻去执行这些想法。"

人们所遭遇的不幸，都是他们曾在内心设想过的，随之印在潜意识里的结果。如果你和潜意识进行了错误的交流，那么就赶快纠正它吧。给你的潜意识一个全新的、积极的、健康的习惯，让它帮助你改变现实世界。

要知道，人们的内心世界是有无穷智慧的，只要你知道你想要的是什么，坚信它是属于你的，就会慢慢得到它。想象一下，如果你想要的都变成你的，你会变成什么样。

人们每分每秒都在建造着自己的内心世界，这是生命最基本的活动，虽然它可能不被别人所知，也不被别人所见，但它却真实地存在着。

放暑假了，李明约朋友一起去划船游玩，但是这个朋友告诉李明自己晕船。一路上李明给朋友讲了好多笑话和故事，逗得他兴致勃勃，到了青岛码头，依旧意犹未尽。李明问："你怎么没晕船呢？"谁知话音未落，他"哇"的一声吐了出来。

这也正说明，心态消沉的人，其自身对自己身体和心理上的抑制力是相当弱的，而暂时的良好外界环境，也能激发他潜意识中最原始的乐观思绪，使他能够忽视心理和身体上的不适。但是一旦他没有把控好，让消极的心态占了上风，那么他的乐观情绪也将灰飞烟灭，身体上的不适也会接踵而来。看来，阻碍积极情绪的最大敌人，不是别人，正是自己的内心。人的内心说强大也强大，说弱小也弱小，关键是不要让消极的心态占上风。人应该学会乐观，从乐观的角度去看待自己和周围的事物。

古人说：不以物喜，不以己悲。说的就是潜意识中要学会控制自己，不要让小事左右自己的情绪。

在生活中，潜意识有时就像个爱捉弄人的魔鬼，有时它能发挥积极的能量，有时它起的是消极的作用，关键是要意识到它的存在，并且尽量让它发挥积极的力量，抵制消极的影响。潜意识能够帮助人们走向成功，也能使人陷入消沉，关键看你怎么运用它。

要想实现你所希望的，最有效的方法就是借助潜意识的帮助。因此正确认识潜意识是通往成功的必经之路。在潜意识中注入期望，在现实中就会得到回报。只要你的内心是肯定的，就会逐步实现你的期望。

潜意识的力量是巨大的，当你有意识地去培养自己的潜意识时，它就会日益增强，就像一个拥有魔力的"魔鬼"。潜意识可以让原本弱小的人，在它的支配下，变成心理异常强大的人。

让潜意识帮你自信

在生活中，成功者总是能够克服困难，在成功的道路上前进一步又一步。每个人都有成功的权利，别人能做到的你也能做到，只要有信心去追求，就一定可以得到自己想要的。当你足够自信的时候，你的潜意识也很容易被激发出来。

王兴现在是学术界知名的教授、学者和演讲家，人们不仅为他渊博的学识所倾倒，也为他演讲时的魅力和挥洒自如的姿态所折服。但是他第一次登台演讲的时候，却十分紧张，想到要面对台下那么多的人，手脚直哆嗦冒汗，心想："要是到时候紧张了，忘词了怎么办？"越想越害怕、越紧张，甚至想就此逃跑。

正当王兴手足无措的时候，他的指导老师走过来，将一张纸塞到他的手里，轻声说道："这上面写着你的演讲稿，如果你一会儿上台时忘了词，就打开看看。"他握着这张纸，就像手中握着一根救命的稻草，上了台，开始了自己的演讲。

心里有了底，王兴就不慌了，他顺利地完成了此次演讲，获得了观众热烈的掌声。王兴去向老师道谢，老师却笑着说："其实我给你的，只是一张白纸，上面根本没有写什么稿子，是你自己战胜了自己，找回了自信心。"王兴打开纸一看，上面果然什么也没写。他感到很惊讶，手里的一张白纸，竟然在危急时刻给了自己力量，使自己最终获得了成功。原来自己握住的并不是什么白纸，而是自己的信心。也正是这次演讲让他读懂了自信的力量，并且这种力量一直激发着他在以后的路上前进。

当人对自己的能力自信时，这种自信就变成了人的一种潜意识，并且在一些日常的工作、生活中有意识地鼓励着自我，给自己以信心。久而久之，这种自信的意念会深深地根植到你的潜意识里，当人们再面临一些紧急时刻时，潜意识就会发挥能量，出于对自己能力的自信，潜意识里会觉得没有什么大不了，自己完全可以应付得来。

有些人十分害羞，不好意思跟别人说话，甚至也不敢直视别人的眼睛，所以给人的印象是冷淡、说话闪烁其词。其实这种身体语言传递的是一种害怕、胆怯的信号。有时候，你的身体语言传达的意思会给人一些不好的印象，也许你自己并不是想要传达这样的信息，但是你的身体语言却出卖了你。

美国心理学家阿瑟·沃默斯认为，只要将身体语言做些调整，就能产生令人吃惊的直接效果。他使用了面带微笑、坦率开通、身体前倾、友善性的握手、眼睛对视、点头等来表现外在印象的亲切、随和。他宣称这将获得友好的回报，陌生人也不再那么可怕了。当然要想变得胆大、自信则是一个长期努力的过程，特别对于一个胆小害羞的人来说，要使自己成为一个敢于尝试新领域、勇于迎接挑战的自信、乐观的人，还需要勇气和恒心！

一个人能够成功，首先是因为他自信，如果能够经常保持这种自信，那么自信也就变成了属于人的一种本能反应，也就是我们所谓的潜意识。

当你想做一件事情时，你会发现"好事多磨""一波三折""人生不如意事十之八九"等古话是多么有道理——确实，这个世界上没有容易的事情，总会有各种各样的困难和波折。完成一件事的难度总是会比我们一开始想象的要大。当你遭遇挫折和打击时，你会变得很脆弱，你会很想放弃，想"下次吧""这次算了吧"，其中最可怕的一种潜意识就是："算了，我做不到。

我果然是做不成的。我没戏了……"这种消极的潜意识一旦出现，并且占了上风，人们的放弃那就是兵败如山倒的速度了。

这是非常可惜的。如果在这种时刻，能够自信起来，用积极的潜意识对自己进行鼓励："是挺难的，不过人生不就是这样吗，谁是容易的呢。这件事的确挺难做的，好好努力就成了啊。再试试吧。失败了也没什么，最后能做成功就可以。我看我这个人挺厉害，这件事其实也不过如此。我一定能做成。"

如果一个人在潜意识中充满自信，对自己的能力和未来充满良好的想象，那么这个人成功的可能性就非常大。一个人的能力界限，往往是受自己潜意识中的"能力的尽头"所限制的。当一个人抛弃这种"限制"潜意识，他就能发挥出比以往更强的实力。这种"限制"潜意识，不仅是对自己潜意识的限制，更多是对自己能力的限制，它使人对自我的认知维持在一个界限内，使人的能力局限在这个限制内。打破限制意味着获得自信，也意味着"永无止境"。

Luck身高1.88米，双腿修长，弹跳出色，在16岁的时候被教练发现带入了跳高训练队。教练对他进行精心的培养，安排了一整套训练计划，从体能到爆发力、从理论课到过竿技术，无不细心指点。

Luck进步神速，3个月的训练下来，他已经能够越过1.89米，成绩足足提高了20多厘米。教练非常高兴，因为再提高一厘米，自己的弟子就可以破市纪录了。可就是这一厘米，却成了无法逾越的障碍。教练想了各种各样的办法，诸如增强弹力、技术更新、补充营养，甚至物质刺激、精神鼓励等，但是两个月下来，Luck的成绩正常状况下只能维持在1.85~1.89米之间。这可把教练急坏了。

这天Luck又开始训练了，跳过1.86米后，教练直接将横竿升至1.90米。按照平时的习惯，横竿总是两厘米两厘米地往上升。此时，Luck并不清楚横竿的实际高度。第一次试跳失败时，教练大声呵斥："怎么连1.88米也跳不过去？"Luck第二次居然一跃而过！教练心中暗喜：原来心理作用有时大于生理和体能本身。他严守着秘密，直到 Luck 在这种特殊培训下越过1.92米时，才将一切告诉他。最终，Luck 打破了比赛纪录。

很多事情，不是自己能力达不到，就像跳高男孩，其实他有足够的能力取得更好的成绩，但是他的不自信害了他，并且这种不自信长时间在他的心里渲染，变成了一种消极的情绪，进而进入自己的潜意识，在关键的时刻，潜意识就会告诉他：你不行，放弃吧！正是这样，人们事先就给自己埋下了"我不行"的种子，低估了自己的水平。

自信是相信自己能够成功，并坦然面对一切艰难险阻的心理状态，是一种健康、积极的个人品质。自信对每个人都非常重要，无论是面临生活的压力，还是生命的挑战，无论身处顺境还是逆境，自信都可以产生神奇的力量。拿破仑说："如果你想让一个胆小的士兵变得勇敢，只要告诉他，你信赖他，并且相信他是勇敢的，他就会变成一个勇敢的人。"给予他人信心，使他人自信，就可以发挥出他内心的能量。正是因为自信如此重要，所以更需要给自己内心植入这种自信的力量，刻意地锻炼自己，让这种自信转化为一种潜意识，只有这样，你才能够变得真正的自信，无论何时何地。

人在人生的路上需要走很多路，过很多桥，攀登很多山峰，想要走得更远，就要对自己充满信心，这样才能在成功的道路上看到更多美好的事物或风景。

梦想不断引导潜意识

成功离不开梦想，它会引领你走向未来的发展旅途，它有着惊人的力量，会慢慢地强大起来，它会像变魔术一样，改变你的生活、你的世界。但是梦想的这种力量不是瞬间爆发的，而是需要从小愿望开始，一点点地升华，当你的体内集聚了强大的愿望时，你才能拥有实现这种愿望的强烈欲望和自信。

当回忆自己的童年时你会惊奇地发现，童年时期的信仰和行为习惯，现在依然存在于内心之中，影响着自己，它会时常浮现，深深地影响着现在的生活。每个人都有童年时代的梦想，有些人的童年梦想可能已经成为泡影，而有些人的童年梦想却开花结果，变成了现实。为什么同样是童年梦想，会有截然相反的两种结果呢？

小威廉姆斯在儿时就说下了大话，她要超越姐姐，事实证明她兑现了自己的大话。20年前，当威廉姆斯一家还居住在洛杉矶南部的坎普顿贫民区时，经济拮据的父母只能将他们的五个女儿塞进只有四张床的一间房里。这也就意味着，年纪最小的小威廉姆斯每晚不得不和她四个姐姐中的一位挤在一张床上。小威廉姆斯最喜欢和维纳斯在一起，从小，这位年长她仅仅15个月的姐姐就是她的最爱。

2007年，小威廉姆斯夺得了澳网赛上的第八个大满贯女单冠军。小威廉姆斯说："从我小时候开始，即便在我成为职业球员之后，人们总在不停地谈论维纳斯、维纳斯、维纳斯，人们认为我永远也不可能超越她。事实证明人们的预想是错的，实现小时候说出的话是我这辈子的最大动力。超越姐姐就是我努力的动力。"

小威廉姆斯的成功不是靠瞬间的能力爆发，她能够实现自己儿时的豪言壮语，可以看出是通过努力一步步靠近自己的愿望，并最终走向成功的过程。这说明愿望不分大小，也不分时间的早与晚，只要不断地去实现自己的每个小愿望来积累自己的经验和斗志，那么，这种坚持将会变成一种强烈实现自己愿望的潜能。

生活因为有了梦想而变得不同，因为梦想可以让我们不断地拥有更高的目标，不断地向上努力，正如别人所说的，"梦想有多大，舞台就有多大"。但是如果把梦想当成幻想，只想而不去做，那么它将永远只会飘在空中。

爱迪生为人类做出的伟大发明，还跟他小时候的经历有着千丝万缕的联系。他小时候只上了几个月的学，就被辱骂为"蠢钝糊涂"的"低能儿"惨遭退学了。他眼泪汪汪地回到家，要妈妈教他读书，并下决心：长大了，要在世界上做一番事业。爱迪生在家里喜欢搞鼓一些奇奇怪怪的小实验，有时免不了要闹点笑话，出点小乱子。父亲就不许他再搞小实验，爱迪生急得直说："我要不做实验，怎么能研究学问？怎么能做出一番事业来呢？"爸爸、妈妈听了他的话，感动得只好收回"禁令"。

后来，爱迪生果然做出了一番事业，他把小时候的愿望化为了现实，实现了自己定下的一个个人生目标。

你认为爱迪生能够实现自己愿望的力量来自何处呢？当然也是来自于对自己儿时愿望的强烈。但是这种力量不是偶然出现的，是他从小就在自己心里埋下的一颗种子。时刻告诉自己，你能行，只有朝着自己期望的方向努力，最后才能够走向成功，千万不要放弃。这样的一种声音时刻警告自己，久而久之，如果你的潜意识里存在着这种愿望，那么这种愿望就会投射到外部世界。

潜意识有一个很奇特的特点，它没有自己的主观想法，只是负责接收信息，不会帮你整理和挑选。所以，如果你认为自己是一个笨蛋，那么你就是一个笨蛋；但是如果你认为自己很优秀，那么潜意识就会接收你所发出的这个信息，让它在你的头脑中形成一个具体的概念，逐渐地你就会认为自己越来越优秀。简单地说，就是你选择什么，它就接受什么。给潜意识正确的信息，你就会取得成功；相反的，你就会失败，所以千万不要有"我不行"的这种想法，这种信息是非常可怕的，它会让你一事无成，甚至跌入失败的深渊，因为潜意识不会分辨真假，无所谓对错。

约瑟夫·墨菲是潜意识心理学的专家，他曾经这样说："如果能灵活地运用潜意识的力量朝正确的方向努力，就能够如你所愿地去操纵命运、愿望、财富及健康，并能步向幸福，我多年来都如此提倡着。"

如果想实现自己的愿望，那么，从小愿望就要开始，让自己实现愿望的意识逐渐强大起来。

既然潜意识的力量如此强大，那么在实现自己的愿望过程中，要充分调动自己潜意识的作用，从点滴的小愿望开始。今天想把工作做好，得到老板的夸奖，那么就认真地去完成；最近喜欢上一个女孩，希望她能够成为自己的女朋友，不要退缩，勇敢地去追求和表白；希望自己可以成为一个有钱人，当然，只要你有了明确的规划，这个愿望也不难实现。通过一系列日常小愿望的积累，你慢慢会发现自己根本不用惧怕什么，愿望经过努力都可以实现。因此愿望其实不难实现，重要的是你能够在实现大的愿望前给自己积聚足够的力量，只有前期的努力，才能够换来大愿望的实现。

不过，需要注意的是，明确自己的愿望很重要。只有符合自己实际情况的愿望才能够有助于自己的发展，如果定的目标或者愿望过大，难以实现，反而会伤害到自己的信心。因此，如果希望培养自己在实现愿望方面的潜在意识，就需要一步步脚踏实地地去努力，而不是白日做梦。

不要灌输"不行"的暗示

在生活中，由于碰过壁，或者由于别人不断灌输过某种"你不行"的理念，本来颇有能力的人，也容易产生"我不如人"的自卑感，最终干脆自暴自弃。应该警惕的是：所谓"事实证明我不行"，不过是几次偶然的挫折和失败，并不能代表人生的全部，更不能证明你会永远失败。通过摒弃消极情绪、壮大自己的内心，从而用自己的力量来改变外在条件，否定"事实证明我不行"，多试几次，你最终会得到自己想要的肯定答案。

在成长的环境中，很多人用一些肉眼看不到的链条系住了自己，甚至经常将这些铁链当成习惯，视为理所当然。就这样，独特的创意被自己抹杀，一幅好的作品也许被当成了垃圾，一个完美的表演让自己惭愧自责。紧接着，开始向环境低头，甚至开始认命、怨天尤人。其实，这一切都是自己心中那条链条在作祟罢了。既然如此，就要敢于当机立断，运用自己心中那股自信的力量去对抗消极和自卑的情绪，不让这种消极的幻觉刺激到自己的神经，进而麻痹整个大脑，让自己的好情绪一落千丈。

欧·亨利在《最后一片叶子》中，讲述了两个女画家去华盛顿写生的故事，其中一个叫琼西，在写生的时候不小心得了肺炎。她躺在旅馆的床上，忽然注意到窗外常春藤上的最后一片叶子，从此便认定这片叶子是她的生命的象征，叶子一落，她就要死了。有一天晚上，暴风骤雨突然来临，她想那片叶子一定保不住了，于是哭得很伤心。但是，第二天拉开窗户一看，那片叶子依然如故。于是，她十分高兴，病也暂时有所好转。其实原本的那片叶子早就掉了，她看到的是一个画家为她画在墙上的，但是正是这样，这片画出的叶子挽救了她。

通过这个故事我们可以明白，消极的暗示对人的影响力是很大的，如果人们暗示自己不舒服，身体不好，那么真的会觉得身体健康每况愈下。所以在日常的工作和学习中，要注意不要受到消极的环境暗示、言语暗示和他人的行为暗示，而应当用积极的自我暗示让自己产生勇气、产生自信，帮助自己更好地做事。

事在人为，运气、环境等外在因素在某种程度上只是起了客观辅助的作用，但是主观能动性的强大仍然占主要的地位。

例如一个乞丐，他觉得自己没有什么本事，只希望每天能够要到足够的饭，可以让自己饿不死，那么也许他一辈子就只能沿街乞讨；如果这个乞丐换种思考，虽然自己没啥本事，但是可以做些小生意，比如利用对当地交通的熟悉，通过给别人带路挣点钱，那么说不定这个乞丐10年后会成为旅游公司的老板。

一个人在山上救起一只幼小的山鹰。他把小鹰带回家，关在鸡笼里。渐渐地，这只鹰羽翼丰满了。那人把它抛向空中，可是山鹰却怎么也飞不起来，原来山鹰早把自己当成一只鸡了。最后，他想了一个办法，站在山顶上把它扔出去，为了保命，山鹰拼命扑打翅膀，终于飞了起来！

在生命的危急时刻，你最应做的，也是唯一能做到的，就是立刻调整自己的人生目标，要么生，要么死。就算是毫无希望了，也要积极笑对人生，与命运抗争到底，给自己画个圆满的句号。

经常听朋友说："我这个人真笨。"本来是用来自嘲的一句话，但潜意识却认为自己就是愚笨的，接到这一指令，大脑就会自然地让你说一些笨话，办一些笨事，让你感觉莫名其妙，不可思议。

小品《卖拐》中的卖拐者以行家里手自居，用一些貌似科学术语的语言就更有欺骗性。买者说自己"脸有点大"，言外之意是说自己的腿没有问题。卖者则说："那是腿部神经末梢坏死，把脸憋大了。""神经末梢坏死"可不是小事，放在谁身上心里也得"咯噔"一下。买者说：自己左腿没有毛病，只是小时候右腿摔过。卖者便说"那是转移了"。"转移了"这三个字是癌症晚期常出现的字眼，很有煽动性。让你把腿跺麻之后走一圈儿，肯定会有不适之感，因此买者对自己的腿有病就深信不疑。医学上证实人们对自己的健康方面的消极暗示，往往会带来近乎神奇的负面效果，如果觉得自己身体某个部位不舒服，经常这么暗示自己，那么久而久之，这个身体部位也许真的会发生病变。

有时遇到了一件不顺心的事，你心想"我怎么这么倒霉"，也许只不过是随便说说，可是倒霉这个信号，反复次数多了，就会进入你的潜意识，让你认为自己不是倒霉这么简单，而是自己命该如此，这就是"祸不单行"的原因所在。

知道了这一点，就要注意自己的言行了，不要随便地把自己的消极幻想释放出来，让它来危害自己。有了好事，人们往往心情快乐，总想着发生更多的好事；而有些人碰到不开心的事，就会给自己运气不好的暗示，所以就有了这样的俚语："好事成双，厄运连连。"

某中年妇女为了休病假，就去医院开假诊断，说自己得了肾病。没想到她刚说自己得了肾病，她母亲就不舒服，带去医院一查，竟然是真的得了肾病。从此以后，她每天疑神疑鬼，一方面怀疑母亲的病是"自己咒的"，另一方面又觉得自己说自己得肾病，不是个好兆头。是不是暗示了什么呢？会不会是对自己的警告和预示呢？于是她逢人就说此事，每天都把这件事挂在嘴边，总是怀疑自己身体要垮了。上厕所也在想自己有没有可能真的得肾病了。渐渐地，她的身体真的开始不舒服，慢慢显示出了肾病的症状。但是去看医生，并没有实质问题。但她没有因此而放松，反而变本加厉地怀疑。一年以后体检，她真的得了肾病。这时她反而放松了，逢人就说：我就知道！千万不要说自己有病啊，千万别自己咒自己，真的灵的！

真的是这样吗？潜意识既然无法分辨是非对错，假如输入的都是一些恐惧、贫困或否定性的负面想法，潜意识就会认定你所要的愿望是你输入的负面想法，如果你总认为自己有病，潜意识就会认为你希望自己有病，那么它就会尽它所有的能力达成你想要的结果。所以，一定不要给自己进行消极暗示才是上策。

抵制消极的心理暗示

其实所有的消极情绪都是人们自己幻想出来的，假如你去超市买东西碰巧你要买的东西没有了，你会认为自己运气不好；长时间相处后因为合不来女朋友跟自己分手了，你自卑觉得自己不适合恋爱；因为工作出了小差错被老板训了一顿，你甚至会认为自己不能胜任这个做了 10 年的工作。试想一下，如果你买的东西有货，是不是就是自己运气好呢？女朋友跟自己分手了，也许是女朋友觉得配不上自己？被老板挨训了，可能是老板太看重自己，对自己的期望高些？所有的事情都可能是因为客观原因而出现的，但是如果你内心不够强大，不够自信，你可能就把这种偶然的失败归结为自己的无能，从而产生一种叫作"消极"的不良情绪。这种情绪轻则会让自己一错再错，重则会让自己自暴自弃，耽误一生。所以一定要积极地抵制自己心里产生的消极情绪，诱发自己的积极情绪，潜意识会告诉你，其实你是最棒的。

有时候听到别人夸奖你能力强，人踏实，你会感到信心十足，而且往往也会变得更加能干，别人对你的肯定增加了你行动的动力和期望，你的行为也会尽力去回报这一期望。

拿破仑·希尔说过："自我暗示是意识与潜意识之间互相沟通的桥梁。"也就是说，经常地进行自我暗示，可以将自己的意识转化为潜意识。并且可以通过有意识的自我暗示，将有益于成功的积极思想和感觉，深深植入到自己的潜意识当中，使其能在成功过程中减少因考虑不周和疏忽大意等招致的破坏性后果。通过自我成功的暗示，可以使自己具有成功力量的意识慢慢转化到自己的潜意识中，成为潜意识的一部分。所以，成功有潜意识来辅助，自然变得更加顺利了。

可见心理暗示有好有坏，合理利用心理暗示，可以帮助自已成功，让自己实现原本实现不了的事情。如果别人的消极暗示影响到了你，你可以用自己的意愿去化解它。因为坏的暗示并不比难闻的气味可怕，只要你愿意，它们就可以迅速消除。但是如果你不能够进行自我控制，不能有意识地去抵消和制止这种暗示，它带来的危险有时是致命的。

在一次大雨过后，由于雨水的冲刷，泥土变得很松软，一处矿井受不了大雨的冲击而坍塌，把矿井的出口堵住了，6名矿工被困在里面。大家你看看我，我看看你，一言不发。凭借经验，他们知道自己面临的最大问题就是缺乏氧气，最终会导致死亡，在这个矿井里氧气最多能坚持4个小时。他们要尽可能在获救之前节省氧气，减少体力消耗。于是他们关掉了随身携带的照明灯，全部平躺在地上。

这时四周一片漆黑，很难估计时间，矿工当中只有一个人戴着手表。因此所有的人都问他："现在几点了？过了多长时间了？还有多少时间？"

戴表的矿工就不断回答时间。滴滴答答，时间一分一秒地过去了，刚刚过去半个小时，大家已经问了十来次了。并且矿工们每问一次时间，就绝望一次，戴表的矿工想：这样下去不是办法，于是他说他每半个小时报一次，其他人一律不许再问。

又一个半小时过去的时候，矿工说：半个小时过去了。还有3个小时。这时周围异常的安静。

戴表的矿工想：不行，不能让他们知道时间，这样大家没有被憋死，也要被自己吓死了。于是他隔了一个多小时才说：半个小时过去了。实际已经过了一个半小时了。

第三次报时的时候，已经接近4个小时了。他说：2小时过去了。

矿工们虽然焦急，但是毕竟还有2个小时，倒不至于绝望。剩下的人都在心里暗自计算距离出去的时间差。

但是戴表的人越来越感到窒息，他知道已经接近4个小时了。他很难受，害怕自己第一个死去。他偷偷把表向前调了2个小时。他说：我困了，我睡一会儿。你们谁帮我看着表报时。

一个矿工接过了表。没有了表的矿工慢慢地睡着了。

当救援人员找到他们的时候，矿工们的表刚过去了3个半小时。但是救援的人都不敢相信，居然只有一个矿工死去了，剩下的全活着——因为实际的时间已经过去5个半小时了——那个死去的矿工，就是睡着了的戴表的人。

当你对自己进行积极的暗示时，就能带来积极的影响，你就能发挥出超越平时的水平和能力。同理，当你对自己进行消极暗示时，你的身体就会服从这种暗示，这不仅会使你的内心变得弱小，也会使你的身体遵从内心的暗示衰弱下去。戴表的矿工谎报时间，给其他队友带来了积极的心理暗示，更重要的是他带给大家的是信心和力量，这种信心和力量使人们坚信：没事，不会死，时间还没到呢。反正现在是肯定没事的。当大家不知道真相，对自己和未来有信心的时候，潜意识认为自己现在不会死的时候，身体也就坚持下去了。积极的心理暗示可以成为一种内心的力量，这需要人们经常培养自己的自信心，只有在日常的事情中经常让自己得到锻炼，自我鼓励，学会不断对自己进行积极暗示，让自己一点一点地变得自信起来，那么在临危时刻，才能利用内心的力量，利用自我暗示的积极能量去渡过难关，并且才能抵制消极的心理暗示，不让自己陷入绝望的泥沼。

积极的心理暗示可以让一个人养成自信、乐观的意识，并且充分地发挥这些有用的意识，久而久之积极的自我暗示便能自动进入潜意识。但是具体该如何做呢？

要想将树立成功心理、发展积极心态这个总原则变成可以具体操作的方式和手段，就要通过心理暗示的作用来实现。因为心理暗示是人的自我意识中"有意识"和潜意识之间的沟通媒介。因此要经常通过积极暗示，让自信主动的电流与潜意识接通。

　　心理暗示的内容是具体的、实际的，要通过选择正确的目标来培养自己的潜意识，例如树立正确的学习目标，这样主要的目标将渗透在潜意识中，作为一种模型或蓝图支配你的生活和工作。

　　在生活与工作中，懂得使用积极的暗示，可以让事情更美好。所以我们经常要用积极的暗示提醒自己：我是最好的，我能做好这件事情，我一定可以成功，这样才能不断追求更高的境界，获得成功。

让潜意识执行你的愿望

　　潜意识存在于每个人的心里，你给它什么样的暗示，它就会去执行，不会辨别，也不会转变，所以说它是你愿望的最真实的执行者。潜意识藏在每个人的身体内，它很不容易被发现。它是个固定而活跃的心理程序的"发电厂"，人们通常意识不到，但是当在特定的情况下，它又会被激发出来，并且发出巨大的力量。

　　当你吃饭的时候，对于比较烫的食物你会本能地吹一吹再放进嘴里，当你看到高空坠落杂物的时候，你会本能地抱起头躲避，当你看到恐怖画面时会因为害怕自然地闭起眼睛，等你清醒后发现，为什么这些动作自然而然地就发生了，看着自己抱着头的双手，是否觉得自己很可笑？这就是潜意识的作用，是与生俱来的，是人出自自我保护的一种本能。但是也有一种潜意识是可以通过后天培养或者锻炼来改变和强化的，这类潜意识如果能够合理利用，会让你受益无穷，例如，你的潜意识很重要的一个作用——真实地执行你的愿望。它影响我们职业的选择、结婚对象的选择、健康状况的判断以及我们生活之中的每件事情，它在我们的一生中发挥着作用。一般人若没有得到特殊专业的协助，根本不可能完全认识自己的这一部分。

经常地偷懒和放纵自己，那么潜意识里会滋生一种叫作惰性的东西，经常地严格要求自己并坚持不懈，潜意识里就会滋生一种叫作勤奋的东西，经常地给自己鼓励和打气，潜意识里就会形成一种叫作自信的东西，经常自怨自艾、临阵脱逃，潜意识里就会形成一种叫作自卑的东西，经常地坚持实现自己的愿望，即使是一个个的小愿望，那么久而久之，当你再次需要通过自身的努力去实现自己的愿望时，潜意识会毫不犹豫地帮助你，因为在前几次的时候你都下发了立马行动的指令，那么它就像电脑一样，已经默认了这套程序，会毫无保留地支配你认真地去实现自己的愿望。

韩红的《天亮了》这首歌讲述了一个感人的故事：

一对父母在面对缆车失事的时候，靠两个人的力量举起了自己的孩子。最终他们都死了，却救了自己的孩子。为什么他们可以在如此危急的时候想到这样的方式救下自己的孩子呢？其实这其中正是潜意识发挥了作用。缆车下降的时候，对于他们而言，最担心的不是自己的存亡，而是年仅几岁的孩子，当这种人类最伟大的本能——父母之爱被激发出来，潜意识就会毫不迟疑地去执行，最终最真实地执行了一对充满了爱的父母的愿望。

相反，人类有时候一些邪恶的想法或者愿望，依然也会被潜意识真实地执行。但是这些邪恶的念头和愿望平时会被深深地埋藏在潜意识里，因此一般人并不知道自己的身上居然会有这些不道德的观念和欲望。如果有人自告奋勇地去告诉他这件事，得来的若不是不相信的嘲笑，也必定是最愤怒的眼神。根据精神分析学派的研究，每个人的潜意识都保有这个秘密，就是："为什么我是我现在这个样子？"是愿望就总会有要去实现它的欲望，当欲望达到一定的程度，就会激发自己的潜意识去执行，这也是为什么一些看似正义凛然的人，却做着见不得人的勾当。也许有时候这些做坏事的人冷静下来也会后悔，正如经常看到被公安机关抓获的犯人在狱中的悔过自新，但是因为他们的恶念在心中集聚太久，当看到时机成熟的时候，潜意识就真实地去执行了，也许是不经过主人大脑思考的，很多犯罪行为也都是这样酿成的。

两个刚初中毕业的少年，不求学业，专门替人"教训"他人，随意殴打学生。无知的他们不知道自己的"江湖义气"和所谓的"打抱不平"已经构成了犯罪，最终被依法判处。

这种青少年犯罪的案件屡禁不止，很大程度上都是由于个人没有树立起正确的人生观和价值观造成的。这也跟父母和老师的教育有关系，当小时候父母不告诉孩子要乐于助人、拾金不昧，孩子偷了邻居的一个苹果父母说"好"时，那么这个孩子也许日后就会偷别人的汽车，因为他会认为，这样的做法是正确的，等到长大后，有了自己的是非观时，这种不良的潜意识已经形成了，因此一旦经过不好的引导，悲剧就发生了。

所以日常生活中，要经常给自己灌输一些优秀的思想，培养高尚的情操，树立正确的价值观。这样才会让潜意识认识到你的愿望是正面的，因此也会执行这些好的愿望。

用主观意识去控制潜意识

潜意识会根据人的表现变强或者变弱，也会根据人的情绪产生负面和正面两种不同的影响，当一个人充满了恐惧、担心和焦虑时，潜意识中的负面力量就被释放了出来，导致意识层面进一步被恐慌、不祥的预感和绝望包围。但是当你保持健康、乐观的情绪时，潜意识中的正面力量就会被释放出来，自己会更加地乐观坚定和充满自信。潜意识是受主观意识影响的，因为它不反映外在的客观世界，而只与内在的主观世界保持联系。因此，这种主观意识往往可以控制自己的潜意识。

如果用轮船来打比方，意识就是领航员，领航员的命令通过话筒传递到动力舱，船员们就开始操作蒸汽机、位置计量器等命令。但是动力舱内的船工却不清楚自己将要前往什么地方，他们只是在其位谋其职，根据命令办事罢了。一旦领航员下达的是错误的指令，对于船员而言，他依旧会执行，也许下一秒等待他们的就是触礁。因此领航员选择的方向的正确性直接决定了整个船只的航向和安全。跟人的主观意识和潜意识一样，你的主观意识可以控制潜意识，所以要注意传达正面积极的信号给潜意识，否则就会因为指挥错误而导致错误的潜意识被激发而酿成大祸。

如果你觉得自己很穷，没有钱。那么你真的会变得越来越穷，这是潜意识给自己的选择。如果你说"我买不起车，也没钱旅行，更没钱买房子"，那么，你的潜意识就开始遵循你的命令，也许你这辈子真的就会没房没车。可见潜意识听命于自己的内心选择。

所以要时刻告诉自己，潜意识一旦接受了一个观念，就会真的去认真执行，并将其变为现实。更重要的是，潜意识不像人的主观意识可以鉴别，无论这个观念是好是坏，潜意识都会不加选择地接收并同样有力地开始执行。如果这条定律发挥负面作用，那么它就会带来失败、屈辱和痛苦；如果这条定律往正面的方向发挥作用，那么它就能带来健康、成功和富有。因此，要控制自己的意识，把潜意识往积极的方向引导。

在临床医学中，注入积极的潜意识，给予人积极的心理暗示，还可以用来治疗疾病。在心理咨询中，咨询者常采用言语或非言语的手段（手势、表情、动作以及某种情境等）含蓄间接地对来访者的心理和行为施加影响，引导来访者顺从咨询者的意见，从而达到某种咨询目的即心灵感应的使用。

在美国有件很神奇的事情，一位妇女因丈夫突然在车祸中死亡，精神上受到强烈的刺激，伤心过度而双目失明了。但经医生检查，眼睛的结构没有病变，诊断为心理性失明，用了许多方法都没治好。后来进行催眠治疗，催眠师暗示她视力已经恢复，对她说："我数五个数，数到第五个时，你醒来就能看见东西了。"催眠师很慢地数一、二、三、四、五，果真数到五的时候，病人醒来，发现自己的视力已完全恢复。让这个妇女恢复视力的其实是她自己的潜意识。通过催眠术，潜意识得到了正确的引导，从而发挥了积极的作用。

你把自己想象成什么人，你就会按照那种人的行为方式行事，而且，即使你做了一切有意识的努力，即便你具有很强大的意志力，你也不会有别的不合这种意识的行为。如果自己把自己想象成失败的人，那无论怎样想尽办法避免失败，也必定会失败。这就是"自我意向"心理在发挥作用。一个人的"自我意向"一旦形成，就会变成事实。

心理学家马尔慈说，人的潜意识就是一部"服务机制"——一个有目标的电脑系统。而人的自我意向犹如电脑程序，直接影响这一机制运作的结果。如果你的自我意向是一个失败的人，你就会不断地在自己内心的"荧光幕"上看到一个垂头丧气、难担大任的自我，听到"我是没出息、没有长进"之类的负面信息，然后感受到沮丧、自卑、无奈与无能，而你在现实生活中便"注定"会失败。但是，如果你的自我意向是一个成功人士，你会不断地在你内心的"荧光幕"见到一个意气风发、不断进取、敢于经受挫折和承受强大压力的自我，听到"我做得很好，我以后还会做得更好"之类的鼓舞信息，然后感受到喜悦、快慰与卓越，你在现实生活中便"注定"会成功。因而，个人自我意向的确立是十分重要的，其正或负的倾向是我们的生命走向成功或失败的方向盘、指南针。

一个人若想取得成功，并全面地完善自己的意识，就必须有一个适当的现实的自我意向伴随着自己；就必须能接受自己，并有健全的自尊心。你必须信任自己，必须不断地强化和肯定自我价值，必须有创造性的表现自我，而不是把自我隐藏或遮掩起来。你必须有与现实相适应的自我，以便在一个现实的世界中有效地发挥作用。

此外，你还必须认识自己的长处和弱点，并且诚实地对待这些长处和弱点。当这个自我意向完整而稳定的时候，你会有"良好"的感觉，并且会感到自信，会自由地作为"我自己"而存在，自发地表现自己。如果它成为逃避、否定的对象，个体就会把它隐藏起来，不让它有所表现，创造性的表现也就因此受到阻碍，你的内心会产生强烈的压抑机制，且无法与人相处。一个人难以改变他的习惯、个性或者生活方式，似乎有这样一个原因：几乎所有试图改变的努力都集中在所谓自我的圆周上，而不是圆心上。他们所尝试改变的都是环境而非心理。但是，自我心理暗示是十分重要的，它可以左右你的一切行为，所以你必须重视自我意向，这样才能通过不断努力，走向成功的人生。

潜意识具有无穷的正能量

爱默生说："在你我出生之前，在所有的教堂或世界存在之前，潜意识这种神奇的力量就存在了。这是一个伟大永恒的真实力量，是生命运动的法则，只要你牢牢抓住这个能改变一切的魔术般的力量，就能够治愈你心灵的创伤，愈合你身体的伤痛，摆脱心中的恐惧，摆脱贫穷、失败、痛苦和沮丧。你所要做的一切就是将自己的精神、情感与你所期待的美好愿望结合为一体，富有创造力的潜意识会为你做出安排。"

潜意识具有无穷的力量，它隐藏在心灵深处，能够创造魔术般的奇迹。潜意识很奇妙，看不见，也摸不着，似乎它们本身没有一丝一毫的实际力量。但是，我们只要恰当地运用它们，充分掌握激发它们的技巧和方法，就能发挥出我们想象不到的巨大的力量，创造出奇迹。

歌剧男高音卡鲁索有一次突然怯场，因为害怕他的喉咙开始痉挛，无法再唱了。还有几分钟就要出场了，他感到恐惧，大滴汗水从脸上淌了下来。他浑身发抖地对自己说："他们要嘲笑我了，我无法唱了。"他到后台对着那里的人大声说："小我要把大我掐死啦。滚出去，小我！大我要唱歌啦！"

如此这般后，潜意识回应了他，他镇定地走上台，结果唱得好极了，全场为之轰动。

在这里，"大我"指的就是潜意识中的力量和智慧。潜意识是心理学家弗洛伊德在其《精神分析学》中首先提出来的，他认为潜意识是在我们的意识底下存在的一种潜藏的神秘力量，这是相对于"意识"的一种思想。而意识与潜意识具有相互作用，意识控制着潜意识，潜意识又对意识有重要影响。

潜意识如同一部"万能的机器"，许多我们自认为不可能实现的愿望都可以办得到，但需要有人来驾驶它，这个人就是我们自己，只要我们有心控制，只让好的印象或暗示进入潜意识就可以了。

潜意识大师摩菲博士说过："我们要不断地用充满希望与期待的话来与潜意识交谈，于是潜意识就会让我们的生活状况变得更明朗，让我们的希望和期待实现。"只要我们不让负面的事情占据我们的大脑，而选择有积极性、正面性、建设性的事情，我们就可以左右自己的命运。

我们的意识就是我们身体、我们的周围环境以及我们所从事的一切事务的主人。我们的意识向我们的潜意识发布命令，因为我们的意识能作出判断，接受认为是合理的事情。当我们的理性（小我）充满恐惧、担忧、焦急的时候，我们的潜意识（大我）会以恐惧、绝望等影响我们的意识。当出现这种情况的时候，我们要像卡鲁索那样，坚定地对非理性的自我发出指令。

第三章　为什么会产生心理错觉

比如说著名的两根线段，看上去不相等，但实际上它们是相等的。另外一个错觉图形会给人带来图片在动的错觉。即使我们强迫自己相信错觉是不存在的，也很难不感觉到视错觉给我们带来的震撼。

——于荣军
（毕业于北京大学，心理学家）

各种各样的心理错觉

有时候人们也会产生各种各样的错觉，即我们的知觉不能正确地表达外界事物的特性，而出现种种歪曲。例如，太阳在天边和天顶时，它和观察者的距离是不一样的，在天边时远，而在天顶时近。按照物体在视网膜成像的规律，天边的太阳看上去应该小，而天顶的太阳看上去应该大。而人们的知觉经验正与此相反，天边的太阳看上去比天顶的太阳大得多。

我国古书《列子》中曾有记载：孔子东游，见两儿斗辩，问其故。一儿曰："日初出时大如车盖，及日中则为盘盂。此不远者小而近者大乎？"一儿曰："日初出苍苍凉凉，及日中如探汤，此不为近者热而远者凉乎？"孔子不能决也。两小儿笑曰："孰谓多知乎？"

这里所讲的近如"车盖"，远似"盘盂"的现象，就是错觉现象。

简单地说，错觉就是不符合刺激本身特征的错误的知觉经验。它与幻觉或想象不一样，因为它是对应于客观的和可靠的物理刺激的，只是似乎我们的感觉器官在捉弄我们自己，尽管这样的捉弄自有其道理。

在日常的生活中有着数不清的错觉。除了上例中的几何图形错觉外，还比如一斤棉花与一斤铁哪个更重？许多人会脱口而出，是铁更重，因为人们总是倾向于认为体积小的物体比体积大的物体更重一些，这就是所谓的形重错误。再如，听报告时，报告人的声音是从扩音器的侧面传来的，但我们却把它感知为从报告人的正面传来。又如，在海上飞行时，海天一色，找不到地标，海上飞行经验不够丰富的飞行员因分不清上下方位，往往产生"倒飞错觉"，造成飞入海中的事故。另外，在一定心理状态下也会产生错觉，如惶恐不安时的"杯弓蛇影"、惊慌失措时的"草木皆兵"，等等。

关于错觉产生的原因虽有多种解释，但迄今都不能完全令人满意。这是一个相当复杂的问题。客观上，错觉的产生大多是在知觉对象所处的客观环境有了某种变化的情况下发生的；主观上，错觉的产生可能与过去经验、情绪以及各种感觉相互作用等因素有关。

比较多的解释是从人本身的生理、心理角度出发，比如把错觉归因于是同一感觉分析器内部的相互作用不协调或多种分析器的协同活动受到限制，提供的信号不一致。但是，外在因素同样也会引起我们的错觉。曾有一个实验，分别从富裕家庭和贫困家庭挑选 10 个孩子，让他们估计从 1 分到 50 分（美元）硬币的大小。实验发现，来自贫困家庭的孩子比来自富裕家庭的孩子要高估钱币的大小，尤其是 5 分、10 分和 25 分值硬币。而当钱币不在眼前只靠记忆估测或者把钱币换成相同大小的硬纸板时，则高估情况会急速降低。这个实验形象地证实了在不同家庭环境中形成的态度和价值观对知觉有不可忽略的影响力。

　　错觉虽然奇怪，但不神秘，研究错觉的成因有助于揭示人们正常客观世界的规律。研究错觉，可以消除错觉对人类实践活动的不利影响。如前述的"倒飞错觉"，研究其成因，在训练飞行员时增加相关的训练，有助于消除错觉，避免事故的发生。此外，我们还可以利用某些错觉为人类服务。人们能够通过控制错觉来获得期望的效果。建筑师和室内设计师常利用人们的错觉来创造空间中比其自身看起来更大或更小的物体。例如一个较小的房间，如果墙壁涂上浅颜色，在屋中央使用一些较低的沙发、椅子和桌子，房间会看起来更宽敞。美国宇航局为航天项目工作的心理学家们设计太空舱内部的环境，使之在知觉上有一种愉快的感觉。电影院和剧场中的布景和光线方向也被有意地设计，以产生电影和舞台上的错觉。

　　错觉的产生是普遍存在的"正常现象"：一方面，只要产生错觉的条件具备，同一个人在任何情况下都会产生同样的错觉；另一方面，在一定的条件下，错觉的产生对任何人来说都是一视同仁的。

　　对一个人来说，产生错觉是一种正常的知觉。那么，是什么因素导致了错觉的产生呢？原因比较复杂，通常有以下几个方面：

　　首先，生活环境和条件会影响我们对同一事物的感觉。同样一餐饭，分别让一个来自贫困家庭的儿童和一个来自富裕家庭的儿童来吃，会吃出不同的感觉：在多数情况下，前者会觉得味道更好，而后者对这个味道的评价则会差许多。同样这俩儿童，因学习成绩较好分别获得 100 元的奖金时，前者会比后者感觉得到的更多。

　　其次，错觉的产生，与我们的生理构造息息相关。某些几何图形错觉，可能是视觉分析器内部的兴奋和抑制的诱导关系造成的。这种关系可能会造成视觉的某些错位现象。

　　再次，过去的经历，也会导致我们对当下的处境产生错觉。

人们对事物的知觉是在自己过去经验的基础上形成的，当目前发生的情境与过去的经验相矛盾时，如果仍然按照经验习惯去知觉当前的事物，那么就容易发生错觉。

虽然，错觉的产生是不可避免的，但并不等于说人不能正确地认识客观事物，相反，利用错觉能够帮助我们更好地认识周围的世界。近年来，人们在对错觉现象进行理论研究的基础上，已经将视野转到利用错觉理论进行产品的研究开发上。目前，错觉已经在电影电视、广告制作、服装设计、商品装潢、军事工程等实际生活的各个领域得到了广泛应用。这些都将利用错觉的原理，为我们呈现一个更契合我们感官体验的世界。

时光飞逝与度日如年

不知道你是否留意过，当你做你喜欢的事情时，你觉得时间过得很快，可以说是时光飞逝；当做一件你不喜欢的事情时，你如坐针毡，觉得时间过得很慢，似乎都过了一个小时了，可实际上才过了 10 分钟。这是因为你对时间的知觉发生了错误，我们对时间长短的感觉，会因在这个时间内所做的事，而产生不同的错觉。

时间错觉是指对时间的不正确的知觉。由于受各种因素的影响，人们对时间的估计有时会不符合实际情况——有时估计得过长，有时估计得过短。

一般地，当活动内容丰富、引起我们的兴趣时，对时间估计容易偏短；当活动内容单调、令人厌倦时，对时间的估计容易偏长。当情绪愉快时，对时间的估计容易偏短；情绪不佳时，对时间的估计容易偏长。当期待愉快的事情时，往往觉得时间过得慢，时间估计偏长；当害怕不愉快的事情来临时，又觉得时间过得太快，时间估计偏短。

此外，人们的时间知觉还具有个体差异，最容易发生时间错觉现象的是儿童。

人们对时间的错觉容易使人想起爱因斯坦的相对论，关于相对论，爱因斯坦有一个精妙的譬喻，对它进行了简单而恰当的概括。他是这样说的："当你和一个美丽的姑娘坐上两小时，你会觉得好像只坐了一分钟；但是在炎炎夏日，如果让你坐在炽热的火炉旁，哪怕只坐上一分钟，你会感觉好像是坐了两小时。这就是相对论。"

和美丽的姑娘聊天，当然是甜蜜的体验，人人都希望它能长时间持续下去；相反，炎炎夏日，在炽热的火炉边烤着，分分秒秒都是煎熬，好像受刑，就希望它赶快结束。也许正是因为自己的主观愿望和实际情况的比较，使我们产生了这两种截然相反的时间错觉。我们平时所说的"欢乐嫌时短""寂寞恨更长""光阴似箭""度日如年"，也是这种情况的表现。

下面的这个故事会让你更加深刻地体会到时间错觉，故事的主人翁叫罗勃·摩尔，他这样回忆：

1945年3月，我正在一艘潜水艇上。我们通过雷达发现一支日军舰队——一艘驱逐护航舰、一艘油轮和一艘布雷舰——朝我们这边开来。我们发射了3枚鱼雷，都没有击中。突然，那艘布雷舰直朝我们开来（一架日本飞机把我们的位置用无线电通知了它）。我们潜到150米深的地方，以免被它侦察到，同时做好了应付深水炸弹的准备，还关闭了整个冷却系统和所有的发电机器。

3分钟后，天崩地裂。6枚深水炸弹在四周炸开，把我们直压海底——276米深的地方。深水炸弹不停地投下，整整15个小时，有一二十个就在离我们50米左右的地方爆炸——若深水炸弹距离潜水艇不到17米的话，潜艇就会被炸出一个洞来。当时，我们奉命静躺在自己的床上，保持镇定。

我吓得无法呼吸，不停地对自己说："这下死定了……"

潜水艇里的温度几乎有40度，可我却怕得全身发冷，一阵阵冒冷汗。15个小时后攻击停止了，显然那艘布雷舰用光了所有的炸弹后开走了。

这15个小时，在我感觉好像有1500万年……

惊人的恐怖给人造成了巨大的时间错觉，恐怖的感觉给人带来的不只是"度日如年"。

在一个时间周期内，人们往往感觉到前慢后快。比如，一个星期，前几天相对于后几天感觉慢，过了星期三，一晃便到了星期天。一段假期，前半段时间相对后半段显得慢，当过了一半时间，便觉得越来越快。所以有人说："年怕中秋日怕午，星期就怕礼拜三。"这种现象的原因是：在一段时间的前期，你觉得后面的时间还很多，就不着急，就感到时间慢；越到后来，你越感到时间所剩不多，越感到着急，也就觉得时间过得快。

在人的一生中也有这个规律，人在童年时代感到时间过得慢，就像歌里唱的，"那时候天总是很蓝，日子总过得太慢"，因为你觉得以后的时间还有的是。等到老了，尤其过了30岁，就开始感到时间不那么多了，就开始着急，也就觉得时间过得快了。

其实，时间并不像我们想象的那样充裕。在任何时候，珍惜时间都是必要的。

第六感的神奇能力

所谓的第六感，就是除了视觉、听觉、嗅觉、触觉、味觉之外的第六感"心觉"。通常我们都是通过感官（五感）——眼（视觉）、耳（听觉）、鼻（嗅觉）、舌（味觉）、肌肤（触觉）来感知外在的世界。但也有一些人提到，我们拥有第六感，能够超感官地感知周围事物。

仔细留意一下我们的生活中，第六感或说是超能力是普遍存在的。比如，我们走进一个房间，会自觉地感受到哪些地方有问题，有差异，并且从细小的地方，我们就可以感受到一些东西，并能得到一个整体的印象，虽然我们并不能用语言表达出来。或者，我们准备做什么事情的时候，会预料到有什么事情发生，而在我们进行的时候，真的发生了！

许多人都认为这就是第六感或直觉，它超出了一般的视觉、听觉、触觉等的范围，是神秘的、无法解释的。事实上，直觉和第六感背后是有原因的。

首先，相对理性来说，我们身体的感性要敏锐得多。

其次，我们的潜意识时刻在帮我们搜集信息，可能在我们还没有察觉的时候，潜意识已经通过这些信息得出结论，并谨记在心。

但是，无论如何，在这些事情的背后，都有大脑无形的运作。我们得到的直觉，更多的是大脑从生活中进行推演的结果，这个过程是在大脑感知区域内进行的，而不是认知区域，所以我们并不能理解为什么是这样，但我们却实实在在地觉得会是这样。

关于这个问题，17世纪的哲学家兼数学家帕斯卡说过这样一句话："心灵活动有其自身的原因，而理性却无从知晓。"经过4个世纪，这一观点得到了证实，并且得到了进一步的确认。要知道，在我们的思维中，自动的那部分要比主动的部分多很多，我们是难以把握这些自动的思维的。而这些自动思维的外显，便构成了生活中的直觉。

同时，生活也为直觉提供了"土壤"。当我们面对一些危险事情的时候，大脑就会从那些已经得到的"生活"中给我们一些警告。比如，当我们害怕某个人的时候，身体就会在大脑的支配下，出现一系列不舒适的信号：起鸡皮疙瘩、手心出汗、胸口发冷、恶心等。相反，如果我们面对某个安全人物的时候，身体就表现得比较舒适，比如身体感到温暖、肩膀放松，整个身心都会比较轻松舒服。

由此看来，直觉并不是可以呼之即来，可以随时帮我们作出判断的。直觉需要我们积累一定的生活经验，才能对新情况迅速作出反应。毕竟所有的直觉都不是偶然获得的，是我们长期积累的结果。这就是为什么象棋大师一眼就可以看到什么是关键的棋子，而新手却要经过很长时间的训练，才会有这样的直觉。在这里心理学家给我们提供了一些锻炼和启发直觉的小窍门：

质疑日常的思维方式和对传统问题的处理方法。

回忆自己的经验。

有勇气去冒险。

随身携带一个小本子，捕捉自己瞬间的猜测，记下来。

让思维紧张。

与其他人交流。

详细地陈述问题。

总之，第六感或直觉也是感官功能的一种，如果我们能科学认识，努力训练，让自己的感知能力更全面、更敏锐，那么当我们处于两难之中，用知性和理智难以解决问题的时候，也许直觉可以派上用场，帮我们作出一个真正符合自己心理需求的选择。

缺点会无限夸大

有时候，人会把自身的一个小缺点无限夸大，并为此烦恼不已，严重影响自己的正常生活和工作。其实，很多时候，这些缺陷都只是我们的一种错觉，是某种心理因素在作祟，是我们的心理作用让事情不断恶化。

于小姐，相貌虽然说不上百里挑一，但是也很不错了。江南女孩子的苗条秀美，白领整齐端庄的服饰，五官端正。不过她总觉得自己的眼睛一大一小，并为此烦恼了很多年。若仔细看她的两只眼睛，的确大小稍稍有异，不过差别很小。实际上，如果仔细看，大多数人的眼睛都有一点点差异，所以她的眼睛应该说完全正常。

可是，她总是担心眼睛大小的差异会影响视力，在看书或其他用眼的时候，她就会注意感觉"这两个眼睛的感觉"，看两个眼睛的感觉"是不是相同"。这样，她看书的效率大幅度下降，看一页杂志对她来说都是一件很困难的事情。

她曾经找过眼科医生，医生反复向她保证她的眼睛完全正常，为了让她放心，还对她的眼睛做了详细的检查。她也知道按道理应该没有问题，可她还是没有办法抛弃"眼睛大小不同会影响视力"这个想法。而且她感觉症状越来越明显，最后甚至连东西都看不清了。

为什么会出现这么奇怪的症状呢？于小姐和家里人都感到不解，最后于小姐走进了心理咨询室，才找到了问题的根源。

其实，很多人的烦恼都来自于内心的某种焦躁或者忧虑的情绪，并且一些怪异的行为都指向一个确实存在但不为当事人所知的目的。带着这种观点，心理医师试着了解于小姐的生活和最近的心理状态。

医师发现，于小姐对一切的期望值都很高：本希望自己考上好大学，结果没有考上大学只读了一个大专；本希望找一个高学历的丈夫来弥补自己的不足，但是丈夫的学历比自己还低，而且在其他方面也不能令自己满意；此外，在近期，她和丈夫产生了很多矛盾，她比较任性，丈夫在婚前对她百依百顺，但是在婚后就不同了，她感到丈夫对她态度越来越不好；在工作中，她也面临着许多压力。比如她正在准备一个很重要的考试，有些书需要读，可是偏偏在这个时候，她又开始想眼睛大小的问题了，以至于无法专心读书。

总之，从于小姐的描述中，可以看到她的生活充满各种压力，压得她喘不过气，而她又总是无法放弃对自己对别人的高要求。于是，现实让她感到不满，因此她也无比烦恼。

她不愿意面对自己的婚姻正濒临破裂的事实，也不愿意面对自己在工作中不可能达到自己希望的样子这个事实。所以，她的眼睛问题实际上是她无意识中找到的一种回避这些问题的手段。一天到晚纠缠在眼睛的大小上，她就没有时间去想学历、婚姻和工作压力。这是一种逃避。她不敢抛弃这个痛苦的烦恼，因为眼睛的痛苦烦恼是回避更大的痛苦烦恼的唯一方法。

一旦消除了关于眼睛问题的烦恼，不需要再想眼睛问题，她就不得不面对这些比眼睛的问题更让人难以承受的现实。但是，要知道回避问题虽然可以一时减少心理压力和焦虑，但是问题依旧存在，它带来的压力也依旧存在。

这种情况下，要让症状有所缓解，一方面要鼓励她抛开眼睛的问题，支持她直面生活中真正的难题并找到解决方法。一旦解决了这个难题，眼睛问题就可以不药而愈了。另一方面，要帮助她重新找到属于自己的骄傲，做一个自信的女人。很多女性之所以会对外貌感到烦恼，很大原因是因为缺乏自信和安全感，担心自己不漂亮会被世界所遗弃。其实这都是不必要的忧虑，对女性的身心健康毫无益处。

幻听是耳朵出问题了吗

在手机没有设置震动功能的情况下，你能感受到你的手机在振动吗？那种"吱吱"的吵闹声，像虫子在叫一样，甚至你的身体也感受到了一种持续的轻微的震颤。正常人很难有这种体验，可是在心理咨询与治疗室，这样的诉说并不是稀罕事。

小张在半年前听力出现一些异常：有时明显听见手机在震动，拿起来一看，却什么也没有；有时埋头工作，突然听见旁边有人叫她，猛的一抬起头，却谁也没有。小张心想，可能是工作太繁忙，压力太大，才会出现这种情况，所以，也没有特别重视。谁知道，半年过去，这种幻听却变本加厉，最近，她常常听到一个人在肚子里骂她，这不仅引起小张心理的恐惧感，也让小张变得心神不宁，难以集中精神做其他事情。

是小张的耳朵出问题了，还是她身体的其他部分有毛病？我们先来了解一下幻听。

幻听就是现实环境中根本就没有这种声源，但患者却实实在在地感受到了某些声响，一般的幻听患者听到的声音主要是人的说话声。其次，幻听还伴随着身体其他的幻觉，比如该患者经常听到有人在旁边喊他的名字。通常，过度疲劳、精神极度紧张和惶恐等情况下，容易出现幻听。

当然，以上提到的怪现象只是幻听的部分症状。心理学家经过大量心理学和医学上的临床资料分析，总结出了幻听病人的一些症状：早期，幻听出现次数较少，幻听的虚幻程度较接近真实世界；随着病情的发展，幻听频率上升，内容也变得离奇古怪。在这种大量的虚幻刺激下，患者的精神能量逐渐耗竭，他们再也没有能力分辨出自己到底生活在一个什么样的世界了，感觉自己就像生活在一个梦幻的世界里。一般幻听病人听到的语言多是针对他们自己的，大部分是对他们的议论、批评、命令、攻击等。患者在这些声音的主导下可能会去伤害别人或自己。这个时候，患者对于社会来说就成了危险人物，需要接受治疗才行。

幻听深入发展，还伴随着患者和虚幻中的声音的争吵，但在我们看来，他是在自言自语，并伴有脸部肌肉痉挛、精神起伏剧烈的症状。精神分裂症的幻听，往往是随疾病发展而发展，不经治疗很少能自动消失。经过治疗后，幻听随病情好转而逐渐减少，患者对幻听的态度逐渐淡漠，最后幻听消失。幻听的重新出现，往往预示着病情的波动与复发。

此外，幻听的临床表现还分为假幻听和真幻听。通常假幻听患者认为声音不是来自外部，而是来自他的身体内部，比如他的腹部、头部等，他会指着自己的肚子说："你听，他们在开会，商量如何杀死我呢!"而真幻听患者听到的，声音是真实的，他会说："你听，就在门口，那个男人又开始骂我了。"门口确实有个男人在说话，但是并没有骂他。精神分裂症患者的幻听大多为真幻听，也有一些假幻听。

看到各种幻听的怪现象之后，我们不禁要问，幻听是怎样产生的呢? 为什么会出现这些奇怪的声音，混淆我们的听觉呢?

心理学家认为，幻听是大脑听觉中枢对信号错误加工的结果。我们生活在一个满是声音刺激的世界，正常人对不同的声音都能给予合理的加工，而幻听患者却错误地加工和解释了这些声音。幻听者是对声音世界进行了主观改造与加工，是加工系统混乱造成的，比如声音刺激和过去的记忆产生混淆，导致患者的时间感混乱，内外世界混乱，导致对声音来源的判断错误，从而表现出离奇的行为。

如果我们常常感觉手机在震动，实际却什么也没发生时，可不要轻易一笑了之，而应慎重对待。如果还伴随有其他的幻听现象，应尽快去心理咨询中心或精神治疗场所进行诊断，将症状遏制在初始阶段，不要让事实上并不存在的声音打乱了我们原本正常的生活。

直觉的来源依据

我们在观察和认知事物的过程中，通常会受颜色和形状的影响。一般情况下，我们会凭直觉进行判断，选出自己中意的商品。不过，每个人的直觉"依据"都有所不同，有人受形状的影响比较大，有人则受颜色的影响比较大。前者被称为"形型人"，后者被称为"色型人"。

小洋洋四五岁的时候，对色彩特别敏感，母亲给他买了一整套的涂色画册和各色彩笔，他十分高兴。每天他都在画册上涂涂抹抹，乐此不疲，甚至连家里干干净净的墙面也成了他色彩涂鸦的广阔天地。

但奇怪的是，随着小洋洋的逐渐长大，他的喜好也有了一百八十度的转变。他对彩色图画的兴趣正在慢慢变淡，而开始喜好上素描、漫画，也不太追求五颜六色，一根铅笔他也能画得不亦乐乎，并且，在他的涂鸦作品中，也出现了各种多样的图案。

小洋洋为什么会出现这种"成长的变化"呢？其实，这是正常的知觉变化发展过程。

根据现有的研究结果可知，人类的大脑在发育过程中，对颜色的认知要早于对形状的认知。一般来说，9岁以下的儿童大部分都属于色型人，他们对色彩相对敏感，能迅速地记住各种颜色，并试图将其表现出来。色彩，是这个阶段的儿童认识外部世界的最直观途径。但到了9岁左右，大多数儿童会转变为形型人，他们开始被形状吸引。形状取代色彩，成为他们观察世界的重点。这种转变将一直保持到成年后，因此，大多数成年人都属于形型人。

当然很多时候，对色彩或形状的"偏爱"也会因人而异。比如，选择一件商品时，如果功能、品质、价格完全相同，我们会根据什么作出选择？是颜色，还是形状？答案并不总是偏向形状。

有心理学家对此做了相关的调查研究，结果表明，男性中形型人略多，而女性中色型人稍多。从年龄段上进行分析，二三十岁的女性中色型人居多，尤其是30多岁的女性，色型人的比例达到70％。可见，成年人中色型人的比例较高。对此，心理学家的解释是，日常所见的事物对大脑的发展会产生刺激，而现代社会中，色彩比以前要丰富得多。身处色彩缤纷的世界中，人对颜色也会变得敏感，色型人也因此增加。

在实验调查过程中，心理学家还发现了一个有趣的现象：

假如一个人的主要工作是绘制色彩丰富的图案，那他与颜色相关的细胞一定相对发达。而长年看某种特定形状的人，对该形状产生反应的细胞自然发展迅速。

可见生活环境和自身经历，也会影响我们大脑对色彩和形状的敏感度。其实，对环境作出反应的这种大脑系统，并非人类的专利。有实验表明，在正常环境中喂养动物，动物对各种光的刺激作出反应的细胞均得到发展。在竖条纹的房间中喂养动物，动物只有对竖条纹作出反应的细胞得到发展，而对横条纹作出反应的细胞几乎不存在。

这就是为什么生活环境相同的人，比如夫妻、兄弟姐妹、朋友同事，多属于同一类型。因为生活环境相同的人，常常看到的都是一样的颜色和形状，对颜色和形状产生反应的细胞发达程度也大体相当，从而产生了对色彩或形状相类似的偏好。

既然我们的成长经历和生活环境影响了我们对色彩和形状的感知，那么反过来，对色彩或形状的感知又会对我们自身的成长产生什么样的影响呢？色型人和形型人之间又有什么差别呢？很多心理学家进一步研究了这两类人的性格差异。

德国精神病理学家恩斯特·克雷奇默在性格分析研究领域颇有建树，而他的学生们则对色型人和形型人的性格差异进行了研究，并搜集到大量有价值的数据。根据他们的研究成果可知，容易受形状影响的人不善言谈，社交是他们的弱项；而容易受颜色影响的人，性格开朗，善于交际。

但是，也有持相反意见的，认为色型人趋向内向，神经敏感，形型人则性格爽朗。对于这些认识上的差异，我们不必去深究。重要的是，了解其中的原理，并能在平时的生活中，有意义地去提高对色彩和形状的感知，尤其是在幼儿的培养和智力的开发过程中，多让孩子接触五颜六色的东西，多给孩子玩不同形状的玩具，这些都有利于刺激他们大脑对色彩和形状的感知，促进其智力的发育。

似曾相识的感觉因何而来

在我们的生活中，不管是看人、看事还是看景，经常会有"似曾相识"的感觉。也就是说，在现实环境中（相对于梦境），我们会突然感到自己曾经亲身经历过某种画面或某些事情。在心理学上，这种体验被称为"既视感"。

看过《红楼梦》的人，应该都记得宝玉与黛玉第一次相见的场景：

宝玉看罢，笑道："这个妹妹我曾见过的。"

贾母笑道："可又是胡说，你又何曾见过他？"

宝玉笑道："虽然未曾见过他，然我看着面善，心里就算是旧相识，今日只作远别重逢，未为不可。"

宝玉在黛玉身上找到似曾相识的感觉，这种经历其实几乎在我们每个人身上都发生过。有些人即使第一次见面，却莫名地觉得亲切和熟悉，仿佛已经认识很久了。为什么会出现这种情况呢？是不是真如一些人所说的存在前世今生呢？

关于这种体验出现的原因，前生往世我们无法做考究，倒是医学家和心理学家们作出了下面一些解释。

首先，似曾相识源自大脑的错误储存。医学上对"似曾相识"有这样一种解释：每个人的大脑都会有一个记忆缓存区域，当你看到一些事情的时候，会把这些记忆先放到缓存区里面。但有的时候，大脑会把这些记忆储存到错误的地方——历史记忆区。于是当我们看着眼前的事情，就会感觉自己好像看到过一样。尤其当我们疲劳的时候，这种现象更容易发生。

其次，似曾相识是过去的记忆惹的祸。心理学家认为，似曾相识感的出现可能是因为我们接收到了太多的信息而没有注意到信息的来源。生活中，我们所经历的事情很多很多，有的我们会刻意记下来，但有的我们却不会在意，这些记忆就变成了无意识的记忆。而当我们面对新的事物和情景的时候，这些事物会刺激我们储藏在大脑里的一些记忆，让我们曾经经历的记忆与现状进行匹配，于是似曾相识的感觉便产生了。

再次，似曾相识是现实与虚拟信息的产物。有一些心理学家也认为，我们未必都真的经历过那些"相匹配"的事情。但是，我们做过相匹配的梦，看过相匹配的小说、电视、电影，它们通过各种虚拟的场景，给我们提供"相匹配"的信息。于是，当我们在面对一些与这些虚拟信息相符合的场景的时候，便会突然想起我们忘记的梦，或者是忘记的小说、电视、电影的情节。这样，便产生了似曾相识的错觉。

这也就是为什么那些经常在外旅游的人、喜欢电影小说的人和想象力丰富的人，似曾相识的感觉在生活中会来得更加频繁。因为他们的信息来源要远比其他人多。

除了以上这些人容易产生似曾相识的感觉，有关研究结果还发现有以下特点的人，也比其他人更容易出现似曾相识的情况。

一方面，情绪不稳定的人更容易出现似曾相识的现象。这是因为与情绪相关的记忆我们会更容易记住。所以，曾经的恋人在很多年后，还记得分手前说过的话、经历的事，甚至连一个动作也那么历历在目。

另一方面，青年人和更年期的人，相对于年幼和年老的人，更容易出现"似曾相识"的感觉。这和人体的内在状况有很大关系，由于内分泌剧烈变化，情绪不大稳定，记忆也就变得活跃起来，那些无意识的记忆，不需要去想，就可以深刻地映现在我们的大脑里。

但值得注意的是，过于强烈、过于频繁的"似曾相识"并不好，它意味着储存记忆的脑细胞正遭受着强烈的刺激，而这很可能是癫痫的前期症状。所以，在我们的生活中，要细心体察自己的情绪和感觉，学习相关的心理学知识，当出现奇怪的感觉时，可以科学地给自己一个解释。就像对待似曾相识的感觉，既不要将其说得玄乎其玄，也不要忽略其存在，如果频繁出现这种感觉，及时咨询有关心理专家是最安全的做法。

记忆也有可能会变形

很多时候，我们听到的未必是真的，但是，我们看到的难道就一定千真万确吗？我们的眼睛或许不会说谎，但是我们的大脑却有可能不说实话。美国青年罗纳德·科顿莫名其妙地被受害者珍妮弗·汤普森指控为强奸犯，在监牢里耗去了11年青春时光。最终，他凭借DNA检测为自己洗刷了罪名，证明汤普森当初辨认罪犯时确实"看走了眼"。研究发现，目击者对事件的回忆会因为提问方式的不同而有很大的差异。例如，在一项研究中，让被试者看一部关于一起撞车事故的影片，然后要求被试者对事故中车辆的行驶速度作出判断。结果发现，当问题是"车辆在冲撞时的速度是多少"时，被试者对车速的判断超过65千米/小时；而当问题是"车辆在接触时的速度是多少"时，被试者对车速的判断只有50千米/小时。一周之后，主试官要求被试者回忆在事故中车窗玻璃是否被撞碎了，事实上影片中的车窗玻璃并没有被撞碎。结果是，以"冲撞"字眼被提问的被试者中有33%的人回忆说车窗玻璃被撞碎了，而在以"接触"字眼被提问的被试者中，比例只有14%。显然，在提问时不同的字眼改变了被试者对目击事件的记忆。

这些研究和实验证明了：一个人回忆时，如果向他提供某些似乎是真实的信息，便会影响他的看法，甚至会使其"看见"了某些实际上并未发生的事件。因而现在法庭已开始注意到防止"诱导性问题"的出现，这也是法律心理学为现实生活所作出的重要贡献。

在法庭对案件的审判中，许多情况下，法官和陪审团都是依照目击者的证词和物证来进行判断的，人们普遍认为目击者的证词是正确和可靠的。但研究表明，对同一件事情，不同的目击者有不同的描述，因而目击证人的证词的可信度值得怀疑。由于证词一般是证人在相隔一段时间后对所发生事件的回忆，因而事实上它并不像人们想象的那样可靠。人们往往会以自己的方式解释所经历过的事或人，并且很难把实际发生过的事和自己经过推理而认为理所当然发生过的事区分开来。这种记忆扭曲现象有时会造成严重的后果。

这个理论，我们可以在说话技巧上反向运用它。表现在人际交流上，就是一种对交流对方的思维的引导。

在这个过程中，可以先巧设陷阱，在对方没有防备的情况下诱其说"是"。比如与人讨论某一问题时，不要一开始就将双方的分歧亮出来，而应先讨论一些双方具有共识的东西，让对方不断说"是"，这个时候，他的思路已经开始被我们引导了，所以，当我们开始提出存在的分歧时，对方一时发现不了这个陷阱，就会习惯性地说"是"。

再将这种技巧拓展为人际关系的打造手段，就是在做事的过程中，即使自己是对的，别人是错的，我们也要避免和别人起直接冲突，最好不要用过于严厉的词句来斥责对方。要用巧妙地暗示，诱使对方注意自己的错误，就可以把事情处理好。

第一印象为什么很重要

有一个实验，心理学家设计了两段文字，描写一个叫吉姆的男孩一天的活动。其中，一段将吉姆描写成一个活泼外向的人：他与朋友一起上学，与熟人聊天，与刚认识不久的女孩打招呼等；另一段则将他描写成一个内向的人。

研究者让有的人先阅读描写吉姆外向的文字，再阅读描写他内向的文字；而让另一些人先阅读描写吉姆内向的文字，后阅读描写他外向的文字，然后请所有人评价吉姆的性格特征。

结果，先阅读外向文字的人中，有 78% 的人评价吉姆热情外向；而先阅读内向文字的人中，则只有 18% 的人认为吉姆热情外向。

在与人的接触中，我们给别人的第一印象——指与人第一次交往时给他人留下的印象，在对方的头脑中形成并占据着主导地位。而第一印象在 7 秒之内就可完成，这种印象会记忆得非常深刻，同时对整体的综合评价有着不可小觑的作用。

所以，人们对我们形成的第一印象，日后往往很难改变，而且人们会寻找更多的理由去支持这种印象。有的时候，尽管我们的表现并不符合原先留给别人的印象，但人们在很长一段时间里仍然会坚持对我们的最初评价。

我们既然了解了第一印象的重要性，那么，应该怎样做才能给人留下良好的第一印象呢？一般来说，想给他人留下良好的第一印象，要牢记以下 5 点：

1. 讲信用，守时间

现代社会，人们对时间愈来愈重视，所以，许多人往往把不守时和不守信用联系在一起。所以，我们最好避免第一次与人见面就迟到。

2. 显露自信和朝气蓬勃的精神面貌

自信是人们对自己的才干、能力、个人修养、文化水平、健康状况、相貌等的一种自我认同和自我肯定。一个人要是走路时步伐坚定，与人交谈时谈吐得体，说话双目有神、目光正视对方、善于运用眼神交流，就会给人以自信、可靠、积极向上的感觉。

3. 言行举止讲究文明礼貌

语言表达要简明扼要，不乱用词语；别人讲话时，要专心地倾听，态度谦虚，不随便打断；在听的过程中，要善于通过身体语言和话语给对方以必要的反馈；不追问自己不必知道或别人不想回答的事情，以免给人留下不好的印象。

4. 微笑待人，不卑不亢

第一次见面，热情地握手、微笑、点头问好，都是人们把友好的情意传递给对方的途径。在社会生活中，微笑有助于人与人之间的交往和建立友谊。

5. 仪表、举止得体

脱俗的仪表、高雅的举止、和蔼可亲的态度等是个人品格修养的重要部分。在一个新环境里，别人对我们还不完全了解，太过随便有可能引起误解，以致产生不良的第一印象。当然，仪表得体并不是非要用名牌服饰包装自己，更不是过分地修饰，而是给人一种清新爽朗的舒适感。

我们在与陌生人见面的时候，往往会精心打理一番，掩饰自己平时的性格或外形缺陷，突出自己的优势。这种行为看似平常，不过，现在看来，也是有心理规律可循的。

现在发生的是我过去梦到的

很多人可能有这样的经验，感觉在梦中获得了有关远处或隐藏在后或与此同时的事件的信息，这种超感知觉一般包括两种感应：一种是预言性的心灵感应，即做了梦，在后来的某时某地竟发现一种现实景象跟梦中出现的景象一模一样，这种现实景象就是预言性的心灵感应；另一种就是在时间上梦中的景象与现实某处发生的景象完全吻合的心灵感应。

莱因夫人的著作《生活中和实验室中的透视》中记录了一个有关梦的超感知觉的例子。这是杜克大学超心理学家实验室收到的一位来自明尼苏达州的女性的报告：

事情发生在 5 年前，当时我只有 18 岁。一天晚上我睡得很不安稳。早上醒来时，我清楚地记得自己在夜里做了一个梦。我醒来时常常记得自己做过的梦，但是这个梦使我特别烦恼。

梦境是这样的：当时我母亲睡在起居室里的一张折叠床上，我则睡在毗邻的一间卧室里，后来，我们一起看着那张折叠床，床上躺着母亲的一位朋友。什么东西都很准确，我和母亲都以同样的姿势站立着，她呜咽着说了8个字："她是我最好的朋友。"

可是，在这个梦后的一个月，发生了一件截然相反的事，我的母亲因心脏病复发而在睡眠中去世。我被她的喘息声惊醒，立即通知了医生和她的那位朋友，医生先赶到，他告诉我母亲已逝世。而那位朋友这时走进了屋，当时，我俩站的位置恰如那晚的梦一样，只不过角色有了互换，躺在床上的是我的母亲，而她也用同样的语调说了同样的话。

古时，人们将梦视为异己的力量、神明的暗示，常常从梦中卜知未来的事件，以决定自己未来的行为。随着梦的研究越来越多，梦的价值也曾成为一个极具意义的话题。梦本身还有许多有待发掘的奥秘，但无论是过去的重演还是未来生活的警示，梦总是潜意识浮出水面的小舟，是一面展示人的内心世界的镜子。

这种情况下，很多人将梦看作是一种超感知觉。超感知觉又被人称之为"第六感"，埋藏于意识之下，是潜意识的东西，包含了人内心深处所有没有意识到的东西。超感知觉可以让人获得有关远处或隐藏着的事件的信息。其实，这种梦的预示作用，是在我们日常生活信息积累的前提之中，对我们生理活动或者心理活动的一种暗示，或者说是表现。我们常说日有所思夜有所梦，在对某一特定事件长时间的思考中，我们的大脑或许会以梦的形式来对这种思维活动作出反应。比如，我们梦到自己赤身裸体地走在校园或者家里，这其实是一种希望自己的能力、才华或者技术得到展示、发挥、重用的一种表现形式。同时，很多时候，当我们的生理机能出现了某种问题，我们的大脑也会用梦来提醒我们。

弗洛伊德认为："古老的信念认为梦可预示未来，也并非全然没有道理。"荣格也曾对梦的预示作用发表过这样的言论，"这种向前展望的功能……是在潜意识中对未来成就的预测和期待，是某种预演、某种蓝图或事先匆匆拟就的计划。它的象征性内容有时会勾画出某种冲突的解决……"

阿德勒认为，梦的预示作用，其实就是人们未来生活的预演，为人们以后的生活提出心理警示。非现实的或象征性的梦也不一定如实地反映客观事件。在这类梦中，梦者随意而自由地选择想象，结果是，梦的意义不能像现实想象中的那样一目了然。它能带来多么完善的观念取决于幻想离信息诸项本身有多远。

但是，梦作为一种思维活动，对于从事艺术或创意类职业的人或许会有一些帮助。梦境之中常常会出现现实生活中不可能出现的景象，梦中无边的想象力和创造性信息，可以作为一种发挥创意的小技巧。我们应学会利用梦境。这样的话听起来似乎有点玄乎，但是，在现实生活中也的确可以行得通。当然，这只是一个取巧的技巧，不能作为解决生活问题的主要手段。

第四章 记忆没有想象中的可靠

从复杂性科学来说，人类有如此多种多样的精神世界，是因为我们人类的大脑非常复杂，所有的行为都是源于复杂的大脑，如果一个芯片或者某个其他的介质足够的复杂，它也有可能产生像人类一样的意识。

——毛利华

（北京大学心理学系副教授）

影响记忆力的因素

如果你读到一个句子的结尾时已经不记得开头是什么，那么所有的句子都会失去意义。非但如此，我们还得记住句子中词语的意思。阅读无疑需仰仗记忆，而且几乎人类所有的官能和知觉都要依赖记忆才得以进行。

我们每天都会说话，记忆在其中意味着两件互相关联的事物：把信息存储起来并能够检索到这些信息。但是，正如心理学家托尔文（1927 年）所指出的那样，你并不总是能找到某个你知道你有的东西。

有一则不幸蜈蚣的寓言很好地说明了这一点：

有位科学家请蜈蚣解释它何以有那么多条腿却能走得那么优雅。蜈蚣试图解释每一条腿的走法，但却说不明白自己到底是怎么走的。最后，蜈蚣绝望了，糊涂了，它的腿胡乱缠起来，打成了节，那情形非常可怕。

尽管蜈蚣清楚地知道该怎样行走，或者说它对怎样行走有内隐知识，但它不能把这些知识外显出来，也就是说，它不能对别人说明这些知识。

婴儿的记忆类似蜈蚣关于行走的知识：是内隐的而非外显的。婴儿不会有意识地检索并用语言表达信息。从定义上说，还没有获得语言能力的儿童不会用语言表述任何事情。这给研究婴儿发展的心理学家提出了一些问题，但我们依然会有很多巧妙的办法可以考察内隐形的婴儿记忆。

成年人的记忆也有内隐的。这并不是因为我们没学会用语言表达这些知识，而是对有些记忆来说，没有可以表达它们的语言。举个骑自行车的例子，别人告诉你怎么骑并不能让你学会骑车，而你也不能把自己刚学会的骑车知识传授给别人。归根结底，骑自行车的知识内隐于你的身体，而不能外显出来。

心理学家认为，记忆的贮存方式主要有三种：感觉记忆、短期记忆（也称工作记忆）和长期记忆。

感觉记忆指刺激物对视觉、听觉、触觉、味觉、嗅觉等感觉器官的影响。研究表明，即使我们不注意，或者在刺激物消失后，这种记忆都能发生。也有研究人员称这种记忆为回声。

当你注意某种刺激物时，也就是说当你意识到某刺激物时，该刺激物就进入了你的短期记忆。短期记忆是我们在任何特定时间都能立即意识到的记忆。在短暂时间内记住某事物对思考和理解来说都很必要，这就是短期记忆为什么也被称为工作记忆的原因。像前面所说，理解这句话要求你在读到句子末尾的时候还能记住句子开头，这就有赖工作记忆发挥作用了。短期记忆非常有限：它只能持续数秒（通常不超过 20 秒），且成年人所记项目不超过 7 个。

"这条蜥蜴叫作阿道费斯。"假使这个句子对你来说很重要，而且你拼命想记住这个句子，你就会反复读这个句子。这个过程就是所谓的复述。或者，你会在心里把这条蜥蜴和某个叫阿道费斯的人联系起来，我们称这个过程为阐释。或者你会通过其他赋予句子意义的方式记住句子，即把这句话和你已经掌握的其他信息项目组织起来。复述、阐释和组织，是把短期记忆转变为长期记忆的最重要的 3 种策略。心理学家用编码一词来描述人们如何加工信息使之成为长期记忆的过程。

长期记忆是我们对周围世界相对持久的知识。它既包括我们对自己的认识，也包括对别人和事物的认识，代表着我们人生经历所引起的对事物相对持久或长期的印象。其中有些知识是外显的，即我们可以用语言对它进行表述。而有些知识则是内隐的，即我们不能把它用语言表述出来。内隐记忆也被称为非陈述性记忆，这是因为内隐记忆不能用语言进行表达，例如，走路、系鞋带就不可言传。外显记忆有两种类型，即语义记忆和情景记忆，二者似乎对应着大脑的不同部位。语义记忆由抽象知识组成，譬如在学校学到的加法、减法都属此列。情景记忆则是个人经验的集合。

我们是谁？长期记忆对于这一点的确认是非常重要的。我们所有的技巧、习惯、能力和自己的身份，全都存在于长期记忆中。丧失记忆的病人，如阿尔茨海默病患者，最终可能连最基本的日常生活的能力都没有。

你能记住几个数字

在日常生活中，你可能有过这样的体会：给陌生人打电话，你先看一下电话号码，然后再拨电话，等打完电话后，已经想不起所打的电话号码了。这种记忆持续的时间不会超过 1 分钟，这段时间刚好可以拨完一个电话。一般来说，你经常拨打的一些电话号码你都会记住，如家中的电话、办公室的电话。但是，手机号码则不同，虽然只多了三四位数字，却比普通电话号码难记得多。这是为什么呢？

　　很早以前人们就注意到了类似的现象。1871 年英国经济学家和逻辑学家威廉·杰沃斯说，往盆子里掷豆子时，如果掷上 3 个或 4 个，他从来没有数错过；如果是 5 个，就可能出错；如果是 10 个，判断的准确率为一半；如果豆子数达到 15 个，他几乎每次都数错。

　　如果读者有兴趣的话，可以找个人做下面这个简单易行的实验：一个人读下面的数字，另一个人努力记住所听到的数字，听完后按听到的顺序将数字写出来，看看最多能正确记住几个数字。注意，读数字时声音不要变调，前后要一致，读 2 个数字的时间间隔控制在 1 秒钟左右。如果不能准确控制时间的话，可以在读完 1 个数字后默念一下自己的名字，然后再读下 1 个数字。比如，要念"469"这一串数字，你先读"4"，然后默念自己的名字，再读"6"，再默念自己的名字，再读"9"。念的时候从个数少到个数多的数字，记的人要等念完一串数字后才能动手将自己记住的按顺序写下来。每 2 串长度一样的数字都能记得正确无误才能进行下一组实验，直到这个人对某一长度数字不能完全记住为止。这样，我们就能知道他的短时记忆广度。

　　假如你的记忆力像一般人那样，你可能能回忆出 7 个数字或字母，至少能回忆出 5 个，最多回忆出 9 个，即 7±2 个。

　　这个有趣的现象就是神奇的 7±2 效应。这个规律最早是在 19 世纪中叶，由爱尔兰哲学家威廉·汉密尔顿观察到的。他发现，如果将一把弹子撒在地板上，人们很难一下子看到超过 7 个的弹子。1887 年，M. H. 雅各布斯通过实验发现，对于无序的数字，被试者能够回忆出的数字的最大数量约为 7 个。而发现遗忘曲线的艾宾浩斯也发现，人在阅读一次后，可记住约 7 个字母。这个神奇的"7"引起了许多心理学家的研究兴趣，从 20 世纪 50 年代开始，心理学家用字母、音节、字词等各种不同材料进行过类似的实验，所得结果都约是"7"，即我们的头脑能同时加工约"7"个单位的信息，也就是说短时记忆的容量约为"7"。1956年，美国心理学家米勒教授发表了一篇重要的论文，明确提出短时记忆的容量为7±2，即一般为7，并在5和9之间波动。这就是神奇的7±2效应。

但是实验中采用的材料都是无序的、随机的，如果是熟悉的字词或数字，短时记忆还只能容纳"7"个吗？例如"c—o—o—p—e—r—a—t—i—o—n"，这个字母序列已经有11个字母，如果学过英语的人听到这个序列，很快就能明白这是个词，意思是"合作"，并能很好地回忆出来。这不是违背了短时记忆的"7±2"效应了吗？不是的，这恰恰是神奇"7±2"中存在的另一个奇特的现象。因为短时记忆中信息单位"组块"本身具有神奇的弹性，一个字母是一个组块，一个由多个字母组成的字词也是一个组块，甚至可以通过一些方法把小一些的单位联合成为熟悉的、较大的单位，而且对知识的熟悉程度也会对它产生影响。例如"认知心理学"5个字对于不懂心理学的人来说是5个组块，对稍懂心理学的人来说是2个组块（认知、心理学），而对专业心理学学生、心理学家来说就只是1个组块。但不论人们储存的组块是什么，短时记忆的容量均为7±2个组块。

神奇的7±2法则给我们最直接的启示就是，短时记忆的容量是有限的，不要再幻想一口吃成胖子，一下子变成天才。不管是学生给自己设定学习目标和计划，还是教师进行授课，都要考虑到7±2法则的特点，合理地安排学习任务，否则就会出现认知超载。

激发回忆的最佳环境

如果让你回到你曾经生活过的地方，也许你已经遗忘多年的往事就会重新浮现在你的眼前。这是因为环境是我们回忆的一个重要线索，很多情况下，你回忆不起来的事情，只要回到事件发生的情景中，就又会想起来。比如，你走出家门，正想去做某件事情，没想到却碰上了熟人，打了招呼，聊了几句，说"再见"后，你就忘了出来要做什么事情了。这时如果你怎么想也想不起来，不如先回家。参加过体育比赛的人都知道，训练时成绩再好，比赛时也不一定发挥得出来，因为场合发生了变化，这也就是为什么在选拔选手的时候要考虑到底有没有大赛经验的原因了。即使没有机会参加比赛，教练员也会在平时训练的时候强调队员要把训练当成比赛，要想象自己就是在万众瞩目之下。心理学家证明这种想象也是有一定作用的。

其实，我们在日常生活中已经很好地利用了记忆的这一特点，只是我们没有意识到。比如，你的朋友不开心了，有烦恼了，你可能会跟他说："出去走走吧，心情会好起来的。"换个环境，人的心境也会相应改变。可见，记忆的规律不仅适用于学习，在生活中对我们的心身健康也有很大的帮助。

环境变化对我们的学习也有影响。心理学家做过这样的实验：让2组人在2个不同的房间里学习同样一份材料，学习完成以后，让每一组人中的一半留在原来的房间做测验，另一半到另一组人的学习房间去做测验。结果发现，留在原来房间参加测验的人平均成绩都好于去另一个房间做测验的人。心理学上把这种现象叫作记忆的场合依存性。心理学家还发现，如果让这些到另一个环境参加测验的人想象他们就是在原来的学习环境下做测验，通常他们都会做得好一点。这个实验证明，环境对我们的学习是有影响的。通过这个发现，我们就不难理解为什么有些同学平时学习成绩很好，每次参加比赛却总是拿不到名次，或者参加大考时总考不出来好成绩。在学校学习期间，基本上是在什么地方上课就在什么地方考试，不能很好地培养我们在环境中的应变能力。不过，反过来，对那些想提高成绩的同学来讲，如果事先知道会在什么地方考试，不妨就到这个地方去学习，这也是利用心理学知识提高考试成绩的一种方法。

　　有人做过这样一些有趣的心理学实验。在一个实验中，大学生在不同日期、不同实际场合下分别学习 2 组对偶联想项目（相当于记住外语单词与中文意思）。一次大学生们是在靠近密歇根大学校园的一幢建筑的一间没有窗户的屋子里学习的。实验主持者衣着整洁，打着领结，把成对联想的项目用幻灯机放映出来。另一次，大学生们是在一间窗户开向校园主楼的小屋里学习的。实验主持者（还是先前那位主持者，但有些大学生认不出他了）衣着草率，穿一件蓝色 T 恤、一条运动裤，成对联想项目是用录音机播放的。1 天以后，一半大学生在原来场合下进行回忆，另一半大学生在另一种场合下进行回忆。在原场合下测验时，大学生能回忆原来所学的 59%；而在另一种场合下测验时，大学生只能回忆原来所学的 46%。

　　在另一个实验中，让配戴水下呼吸器的潜水员在海滩上或在水下学习一些单词序列，然后在其中的一个环境下测试他们对这些单词的记忆保持程度。结果，当识记和回忆的环境匹配时潜水员们的成绩提高了将近 50%，尽管学习内容与水或潜水根本没有关系。同样地，当背景音乐的节奏在识记和回忆时保持一致时，人们在记忆任务中会表现得更好。

　　日常生活中，经常发生与此类似的现象。俗话说"触景生情""睹物思人"，在一定的情景下，人能联想起在这一情景下所发生过的事。故地重游，不禁联想起上次同来之人、同游之事，如崔护的《题都城南庄》中所说："去年今日此门中，人面桃花相映红。人面不知何处去，桃花依旧笑春风。"

　　为什么会出现这种现象呢？这是因为当信息的提取情境与学习情境相同或相似时，我们可以充分利用情境中的信息提示线索，这些线索能帮助我们回忆曾在此环境下发生的事情以及学习的内容。当面临新的提取情境时，因新情境与原情境有差异，我们在走进新情境的刹那间便会启动与新情境相联系的相关经验，从而达到对新情境的理解，消除陌生感。这一过程虽然是在无意识的状态下完成的，但其对新情境相关经验的启动却必然会引起对原有情境相关知识的抑制，从而影响记忆信息的提取。

了解了信息提取的这一规律，在日后的学习中，我们不妨利用它来提高我们的学习成绩。

好记性不如烂笔头

人们常说："好记性不如烂笔头。"这句话是否正确呢？有心理学家为此做了专门的试验。

美国心理学家巴纳特以大学生为对象做了一个实验，研究了做笔记与不做笔记对听课学习的影响。大学生们学习的材料为1800个词介绍美国公路发展史的文章，测试者以每分钟120个词的中等速度读给他们听。心理学家把大学生分成3组，每组以不同的方式进行学习：甲组为做摘要组，被要求一边听课，一边摘出要点；乙组为看摘要组，即他们在听课的同时能看到已列好的要点，但自己不动手写；丙组为无摘要组，他们只是单纯听讲，既不动手写，也看不到有关的要点。学习之后，心理学家对所有学生进行回忆测验，检查对文章的记忆效果。

实验结果表明：在听课的同时自己动手写摘要组的学习成绩最好；在听课的同时看摘要，但自己不动手组的学习成绩次之；单纯听讲而不做笔记，也不看摘要组的成绩最差。

之所以会出现这样的结果是因为：

首先，做笔记有助于多种分析器协同作用。用笔记下来，它用到了看、记相应的分析器活动，每一种分析器进入大脑记忆的通道并不一样，但相互都是联系的。同一内容从不同通道进入，能够使记忆更加牢固。现代心理学研究表明，单凭听觉，会话通信每分钟仅能传达100个单语，而视觉传达的速度则是听觉的2倍；视觉、听觉同时起作用，传达的速度则是听觉的

10 倍。可见，分析器参与越多，彼此联系越紧密，其记忆效果就越好。这就是用笔记下来的内容容易被记住的原因之一。

其次，做笔记有助于提高记忆力。用笔记下的内容，它与仅看到的内容有本质的差异。前者既有思维参与，又有活动因素，而后者主要是思维参与，其参与程度一般也不如前者。因此，后者的记忆效果不如前者。现代心理学大量实验表明，活动是有助于提高记忆效果的。例如，前苏联心理学家陈千科的实验：他要求三年级学生解答 5 道现成的和 5 道自编的算术题。经过若干时间后，他要求学生再现这些习题中的数字。结果学生们把自编习题里的数字比现成习题里的数字多记住 2 倍。

研究表明，对于同一段学习材料，做笔记的学生比不做笔记的学生成绩优异 2 倍。由此可见，做笔记对我们的学习是十分有利的。

做笔记能够集中我们的注意力。要想在听课的同时记好笔记，必须要跟上老师的讲课思路，把注意力集中到学习的内容上，光听不记则有可能使学生的注意力分散到学习以外的其他方面。

记笔记能加深对学习内容的理解。记笔记的过程也是一个积极思考的过程，可调动眼、耳、脑、手一齐活动，促进对课堂讲授内容的理解。

记笔记有助于对所学知识的复习和记忆。如果不记笔记，复习时只好从头到尾去读教材，这样既花时间，又难得要领，效果不佳。如果在听课的同时记下讲课的纲要、重点和疑难点，用自己的语言记下对所学知识的理解和体会，这样对照笔记进行复习时，就会既有系统、有条理，又觉得亲切熟悉，因而复习起来会事半功倍。

记笔记能够让我们获得新知识。笔记可以记下书本上没有而老师在课堂上讲授到的一些新知识、新观点。不断积累，便能获得许多新知识。

　　既然做笔记有这么多的好处，那么在日后的学习中，怎样才能记好课堂笔记呢？

　　做好记笔记的准备工作。笔记本是必不可少的，最好给每一门课程准备一个单独的笔记本，不要在一个本里同时记几门课的笔记，这样会很混乱。准备两种不同颜色的笔，以便通过颜色突出重点，区分不同的内容。

　　要用笔记，而不要依靠录音机。使用录音机，虽然能将老师讲课的内容全录下来，但自己没参与记的过程，做笔记的好处也无法体现。此外，录下来的内容复习起来也太费时、费力。

　　每页笔记的右侧划一竖线，留出 1/3 或 1/4 的空白，用于课后拾遗补阙，或写上自己的心得体会；左侧的大半页纸用于做课堂笔记。

　　笔记方式多种多样。学生在课堂上常用的笔记方式有要点笔记、提纲笔记及图表笔记等。

　　（1）要点笔记：不是将教师讲的每句话都记录下来，而是抓取知识要点，如重要的概念、论点、论据、结论、公式、定理、定律等，对老师所讲的内容用关键词语加以概括。

　　（2）提纲笔记：这种笔记以教师的课堂板书为基础，首先记下主讲章节的大小标题，并用大小写数字按授课内容的顺序分出不同的层次，在每一层次中记下要点和有关细节。条理清晰，使人一目了然。

　　（3）图表笔记：利用一些简单的图形和箭头连线，把教学的主要内容绘成关系图，或者列表加以说明。图表比单纯的文字更加形象和概括。

　　提高书写速度。书写速度太慢，势必跟不上讲课进度，影响笔记质量。要学会一些提高笔记速度的方法，如不必将每个字都写得横平竖直、工工整整，可以潦草地快速书写；可以简化某些字和词，建立一套适合自己的书写符号，比如用"∵"代表"因为"，用"∴"代表"所以"。但要注意不要过于潦草、过于简化而使自己也看不懂所记的内容是什么。速写的目的是提高笔记效率。

在笔记遗漏时，要保持平静。上课时，如果有些东西没有记下来，不要担心，不要总是惦记着漏掉的笔记而影响听记下面的内容。可以在笔记本上留出一定的空间，课后求助于同学或老师，把遗漏的笔记尽快补上。

课后要及时检查笔记。下课后，从头至尾阅读一遍自己记的笔记，既可以起到复习的作用，又可以检查笔记中的遗漏和错误，将遗漏之处补全。同时还可将自己对讲课内容的理解及自己的收获和感想写在笔记右侧的空白处。这样，就能使笔记变得更加完整、充实、完善。

关键是提高注意力

增强记忆力的关键是提高注意力，因为注意力的高低直接从某个侧面反映了其智商水准的高低。

有这么一道益智抢答题：在公车始发站上来三个乘客；在下一站上来两人，下去一人；再下一站上来五人，下去三人；再下一站……许多人都以为会问最后剩下几个乘客，便一边听一边计算人数。可是到最后问题竟是："公车一共停了几站？"听题者由于只注意乘客数，而没有数公车站数，虽然注意听了，却没把注意力放在应该记忆的事物上，结果白费力气。要增强记忆力，有许多方法。但采用这些方法之前有个绝对必要的条件，那就是要把注意力集中到自己所要记忆的对象上来。没有意识地去记，或观察不认真细致，都是记不住的。有人认为背诵不是什么高级脑力活动，只有较强的背诵能力也没什么了不起，因此不愿意积极地努力背诵。这种观念实际上是错误的。

那么，怎样才能使注意力集中到要记忆的对象上呢？

首先要对想要记忆的对象感兴趣。举个例子，新来的老师要想很快记住所有学生的名字是根本不可能的。可是老师会很快记住那些显眼的学生，如课堂上爱发言的学生、学习特别好的学生、最不遵守纪律的学生等。相反，对那些不显眼的学生、缺乏个性的学生，老师就很难在短时期内记住他们的名字。

其次要培养良好的习惯，持之以恒。注意的习惯是多方面的，一方面，在事情开始时要能立即集中注意力于活动对象；在活动发展过程中，需要能保持高度注意，尽可能减少分散力；遇到困难时，则能动员自己的意志力，迫使自己思想集中；结束时仍能使注意保持紧张状态。有始有终，不虎头蛇尾。一旦养成良好的注意习惯，无论从事任何活动都会事半功倍。另一方面，也要有意识地经常进行调控注意力的训练。比如，经常提醒自己集中注意某一事物，目不斜视、耳不旁听，力求在大脑中只形成一个兴奋中心。过一会儿，再把自己的注意力迅速转移到别的事物上，而置原来的注意对象于不顾，经常这样练习，就能提高自己调控注意力的能力。

当然，我们也会经常遇到无法集中注意力的情况。下面，我们来看一下有哪些方法可以应付这种困境，改善注意力。

当你无法集中精力时，又是一个人在房间里的话，可以采用一种简便的办法——自言自语。我们经常看到幼儿园里的小朋友，一边做游戏，一面自言自语，颇感自得其乐。这种用自我对话来刺激大脑功能的语言，被瑞士心理学家称之为"自我中心语言"。对于难懂的逻辑问题，同样可以采取"自我中心语言"来打消念头、集中思想，不但易于记忆，而且能帮助理解问题，加深印象。

当考试、做功课或者工作中要作出某项决策时，却被外在的其他事物所吸引，无法专心，怎么办？美国有一所记忆术训练学校对此进行了专项研究，并提供了一种解决方法。大致是这样的：

第一阶段：先将注意力转移到钢笔、课本、玩具、零食等各类琐碎的事物上。

第二阶段：凝视某一目的物，直到厌烦为止。

第三阶段：将眼睛闭起来，回忆刚才所见的事物，例如圆珠笔，将其颜色、形状、长短等外形特征描绘在脑海中。

第四阶段：将思维从圆珠笔上移开，然后睁开眼睛。

第五阶段：间隔 30 秒。

接着，再选其他事物重新从第一阶段做起。

根据受此训练的人介绍，刚接受训练时，精神集中力无法持续 8 秒钟以上，但经过一周的训练后，集中力便能持续到 3～4 分钟。

"冰冻三尺非一日之寒"，掌握了改善注意力的方法，要坚持不懈地锻炼，才能收到成效，提高记忆力。

大脑控制海马回

在今天这个对奇异现象备感兴趣的时代，我们常说的前世今生，则被许多小说、影视作品渲染得神乎其神，如忽然对某场地、某人、某物"似曾相识"，似乎能准确地描述对方的每一个细节，更有甚者好像能预测接下来的事态发展。

根据调查，有三分之二的成年人至少经历过一次这样的"似曾相识"。调查显示，常年在外经历丰富的人比宅在家里的人更有可能遇到这种情况，同时，想象力越是丰富并且受过高等教育的人也比普通人较容易引发这种心理现象。但是，这样的现象会随着年龄的增长而逐渐减少。列夫·托尔斯泰说，他有一次去打猎，正在追赶着一只兔子，这时，马蹄陷入了一个坑里，他从马背上摔了下来，跌在了地上。这个时候，他眼前似乎出现了一幅十分熟悉的场景：自己的前世也是这样从马背上摔了下来，甚至连时间他都记得很清楚，他肯定那是 200 年前的事情。世界上总会发生许多匪夷所思的事情。当我们来到一处完全陌生的场所或者是身处某个场景和动作时，却总有一种"似曾相识"的感觉。就像《红楼梦》里贾宝玉和林黛玉两人相见时，宝玉却道"这妹妹倒像见过一般"。

那么，我们真的有前世今生吗？如果没有的话，那些神奇的"记忆"又是怎么一回事呢？

研究表明，"似曾相识"这种心理是一个叫作"海马回"的区域在作祟。海马回是位于脑颞叶内的一个部位的名称。人有两个海马回，分别位于左右脑半球。它是组成大脑边缘系统的一部分，担当着关于记忆以及空间定位的作用，它的名字来源于这个部位的弯曲形状貌似海马。

海马回主要是控制记忆活动的区域，它负责形成和储备长期记忆。而记忆则是被强大的化学作用联系在一起的脑细胞群，当我们要从脑中"抽出"某种记忆时，实际上就是在寻找特定的脑细胞并对其进行激活。而海马回可以帮助我们脑海中已经存在的记忆"索引"其他相类似的情况。这就是为什么我们在现实生活中如果做了类似的事情或者说了类似的话，就会恍然大悟般感慨：哦！这件事（这些话）我以前好像做（说）过！

但是，有的时候，这样的记忆"索引"也会出现差错。它们将此时此刻的所知所感与某种未曾发生的"记忆"搭配在一起。比较典型的情况有，我们看到的电影或者小说里面的某些情节，因为天长日久，我们会有所遗忘。这种遗忘并不是真的忘记了，对其的记忆还是储存在脑子里的。然后忽然有一天，如果我们处于类似的场景中时，我们可能会误以为那是我们自己亲身经历过的事情，而产生对"前世"的猜测。

对于前世，如果我们只是将其作为一种娱乐，那也是无可厚非的。但是，如果痴迷于这种说法，那就会给我们带来不必要的消极影响。社会上很多"江湖人士""算命大师"利用这样的说法对我们进行欺诈，而许多人也因对此"乐此不疲"而付出了很多代价。所以，从现在开始，与其执着于那看不见摸不着的"前世"，还不如好好地把握当下，活在今天。只有保持着认真活于此刻的心态，才能在为人处世时充满自制、理性却又不失活泼的生活态度。只有这样，才能拥有更好的明天。

总之，与其回头看向一片虚无，不如踏实地活在当下，从而乐观地创造未来！

大脑能储存多少内容

我们常听人说"我的记性真差""我对数字真是无可奈何，朋友的电话号码都记不住""仅有一面之缘的朋友的名字和长相，我老是记不住"等。我们无法记住数字，无法记住朋友长相，是不是就是记忆力不好呢？还是只是我们记忆的方式不对？

爱因斯坦是20世纪举世公认的科学巨匠。他死后，科学家对他的大脑进行了研究，结果表明，他的大脑无论是体积、重量、构造，还是细胞、组织，与同龄的其他任何人都一样，没有区别。这充分说明，爱因斯坦成功的秘诀，并不在于他的大脑与众不同，用他自己的话说：在于超越平常人的勤奋和努力以及为科学事业而忘我牺牲的精神。

正如《美国心理学会年度报告》中指出的：任何一个大脑健康的人与任何一个伟大的科学家之间，并没有不可跨越的鸿沟。

据研究记忆力的阿诺欣教授和劳金茨科克教授说，我们脑子的容量非常大，几乎对进来的信息全部都能收容下来。人的大脑是一个"超级内存"，像一座望不到边的金矿，可以供无限开采。但至今为止这座金矿被我们开采得太少了。世界著名的控制论专家维纳说："每一个人，即便是作出了辉煌创造的人，在他的一生中利用他自己大脑的潜能还不到百亿分之一。"人类的大脑是世界上最复杂也是效率最高的信息处理系统。别看它的重量只有1400克左右，其中却包含着100多亿个神经元；在这些神经元的周围还有 1000 多亿个胶质细胞。大脑的存储量大得惊人，在从出生到老年的漫长岁月中，每秒钟大脑足以记录 1000 个信息单位，也就是说，我们能够记住从小到大周围所发生的一切事情。

所以，我们并不用担心我们大脑内存不足而导致记忆力不如人。记忆的强弱也并非天生的，它是可以随着训练和掌握好的记忆技巧和方法而提高的。美国哥伦比亚大学心理学教授伍德华司曾在一篇文章中指出：只要学到正确的记忆方法，就能够提高记忆力。

他做过一个实验，把一些人分成记忆相仿的两组，让第一组人只依赖简单的背诵方式去完成一个记忆任务，而让另一组人先接受记忆方法的训练，再完成与第一组同样的记忆任务，结果掌握正确记忆方法的一组效果远比另一组好得多。因此，在记忆中，既要花工夫苦练，又要找窍门、摸规律，才能做到事半功倍。

许多人在剧场和电视节目中看到在记忆方面所表现出超级能力的人，都对记忆的神秘莫测感到惊讶。其实经过训练，我们也能拥有超级记忆力。

记忆力的训练有很多途径和诀窍，每个人都可以通过努力找到适合自己的记忆模式来提升记忆力。但是有一点最重要，就是抱着能够记忆的自信与决心。若是没有这种自信，脑细胞的活动将会受到抑制，脑细胞的活动一旦受到抑制，记忆力便会迟钝。关于这一点，我们可以从心理学上得到证明。在心理学上，将这种情形称为"抑制效果"。一般的反应过程是：没有自信，脑细胞的活动受到抑制，无法记忆，更缺乏自信，最后形成一种恶性循环。

通过以上的实验和分析，我们应该明白，与其说记忆力不好是脑力衰退的原因，不如说那是自信心不足犯的错。如果我们足够自信和努力，说不定一点都不比爱因斯坦差呢。

超强记忆的能力

在生活中，我们常常会发现：有些人的记忆非常好，看过的东西可以过目不忘，而有些人的记忆却比较差，学过的东西很快就忘了。美国有一位名叫布拉德·威廉姆斯的人，他记忆力超群，年过半百的他几乎能够记住其一生中发生的任何事情，甚至包括某日的天气情况。正因为这种超常的记忆力，他受到了《早安，美国》节目的采访。节目中，当主持人问他是否还记得小学某次考试的成绩时，布拉德笑着说："我真想忘了它。"不过他还是答出来了，成绩是 B。因为他的这种能力，他被同事戏称为"活百科全书"。

之后，有研究人员将威廉姆斯的超常记忆力称为"超强记忆综合征"，而神经学家也开始了对威廉姆斯大脑的研究，他们希望能够找出威廉姆斯拥有超人记忆力的原因，从而找到增强记忆力的方法。那么，是什么原因造成了人们记忆上的差别呢？有些东西，我们看过后经久不忘，有些东西我们却怎么也回忆不起来，记忆到底是怎么一回事？

人们对记忆规律的掌握和运用不同，是造成记忆差别的重要原因。形象地说，如果把我们的大脑比做一个"加工厂"，当外界信息进入"加工厂"后，我们的大脑就会给它们"贴上号码"，让信息转化为我们更容易接受的简单形式，最后大脑把这些信息放进了"记忆仓库"里。比如，我们读一首诗，诗句的书面字符作用于我们的眼睛，转化为神经脉冲，传到大脑中枢，引起有关字符的感知觉，同时，过去已经贮存在大脑里的一些有关的信息也被激活，跟眼前的诗句建立起联系，再经过多次的诵读、多次的刺激，我们就把这首诗记在脑子里了。

心理学研究表明，影响记忆差别的心理因素主要是由心理倾向性和对记忆规律的掌握不同造成的。所谓心理倾向性，是指人们对某一事物的兴趣、爱好和注意的程度。我们知道，注意力是产生记忆的首要条件。不把注意力集中在所学的东西上，要产生良好的记忆是不可能的。比如，你可能说不出你住的楼房的楼梯有多少级台阶。这是因为你根本就没去注意它，并不是你记不住。

学习一些有效记忆的方式，能方便我们的生活。下面介绍几种提升记忆的方法。

（1）形象记忆法。所谓形象记忆法，就是将一切需要记忆的事物，特别是那些抽象难记的信息形象化，用直观形象去记忆的方法。形象记忆是非常有效的记忆方法。举个最简单的例子，我们要记下"124"这个数字，单纯记忆的话，可能没几天脑子里就没有这个印象了。但是如果我们这样来记：把"1"想象成"金箍棒"，把"4"想成一面旗子，而"2"就看作一只天鹅，那么，连起来记忆就是左手拿着"金箍棒"，右手拿着"小旗子"的"天鹅"。这样记起来是不是轻松多了呢？之后，我们可能会遗忘这个数字，但是，我们却能够记起这个独特的形象，从而再把数字的存在唤醒。

（2）谐音记忆法。谐音记忆法是利用事物之间的相似发音来帮助记忆的一种方法。像在记忆一些较容易记混的年代事件、数字的时候，这个方法就十分有效果。比如，马克思生于1818年逝世于1883年。那么可以这样记，"一爬一爬（就）爬（上）山（了）。"再如，甲午战争爆发于1894，用它的谐音"一把揪死"，就非常容易记住。

（3）联想记忆法。联想记忆法是不将客观存在的事物视为独立，而是将其看作是处在复杂的关系和联系之中，从而以此物联想到彼物来方便记忆的方法。所以，我们就要学会把握这种关系的链接。我们先要认真理解信息的内容和实质，让我们的头脑中浮现出清晰的表象，再发散性地思考不同信息之间的共性、个性、差异性。

让记忆保持新鲜感

我们都知道，遗忘和保持是矛盾的两个方面。记忆的内容不能保持或者提取时有困难就是遗忘，如识记过的事物，在一定条件下不能再认和回忆起来，或者再认和回忆时发生错误。

今年31岁的李欢在一服装公司做财务，她已经从事这一行10年了，但是，最近几个月却总有些精力不集中，导致工作上出现了差错。

之后，李欢到医院问诊，她告诉医生，快一年了，她明显地精力下降。做报表是一项精细活儿，所以，她时常需要加班，但是只要稍微集中精力一会儿就会觉得头昏脑涨。有些时候，有人叫自己名字也感觉不到。等自己有时突然回过神来，自己之前的工作做到哪儿又忘了，这种"短路"现象让她十分苦恼。

李欢的主治医生说，李欢是患了神经症。

这种病症近年来常见于白领人群，也被形象地称为"白领健忘症"。刚到嘴边的话又忽然忘了，明明记得对方却就是叫不上名字，昨天记的英语单词今天脑子里就没有存货了……这些情况我们都不会陌生，我们会有"回忆"，会有"记得"，当然，也会有遗忘。

遗忘有各种情况。

永久不能再认或回忆叫永久性遗忘。永久遗忘在生命里更是经常发生了。比如，小时候的一些事情，我们小的时候可能会记得，但长大以后也许记不得了，也没有心情去记了，便是永久的遗忘了。

不能再认也不能回忆叫完全遗忘。完全遗忘在患有失忆的人身上体现得最为明显。比如，对自己过去所有的事情都记不起来了，有时候，患有失忆的人连自己的亲人都不认得了。

一时不能再认或重现叫临时性遗忘。对于这一点，考试怯场最能说明问题，本来平时学习成绩很好，考试时却突然大脑一片空白，什么都想不起来了，结果考砸了，考完后可能又重新回忆起来了。

能再认但不能回忆叫不完全遗忘。在我们读书时经常有这种感觉，很多内容非常熟悉，但就是回忆不起来。我们读了大量的书，觉得底气很足，结果在考试的时候发觉见了熟悉，但让自己默写下来却有些困难。

德国著名的心理学家艾滨浩斯最早研究了遗忘的发展进程，他受费希纳的《心理物理学纲要》的启发，采用自然科学的方法对记忆进行了实验研究。研究发现，遗忘是有规律的，并且呈现为一条曲线。艾滨浩斯遗忘曲线是艾滨浩斯在实验室中经过了大量测试后，产生不同的记忆数据从而生成的一种曲线，是一个具有共性的群体规律。此遗忘曲线并不考虑接受试验个人的个性特点，而是寻求一种处于平衡点的记忆规律。

这条曲线告诉人们，在学习事物的过程中的遗忘是有规律的，即"先快后慢"的原则。这个规律就是在记忆的最初阶段遗忘的速度最快，后来就逐渐减慢了，过了相当长的时间后，几乎就不再遗忘了。观察这条遗忘曲线，我们会发现，学到的知识在一天后，如不抓紧复习，能记住的就只剩下原来的25%。随着时间的推移，遗忘的速度减慢，遗忘的数量也就减少。

记忆规律可以具体到我们每个人，因为我们的生理特点、生活经历不同，可能导致我们有不同的记忆习惯、记忆方式、记忆特点，所以，不同的人有不同的艾滨浩斯遗忘曲线。规律对于自然人改造世界的行为只能起一个催化的作用，如果与每个人的记忆特点相吻合，那么就如顺水扬帆，一日千里；如果与个人记忆特点相悖，记忆效果则会大打折扣。因此，我们要根据每个人的不同特点，寻找到自己的遗忘规律，在大量遗忘尚未出现时及时复习，以此保持记忆的新鲜感，就能收到巩固记忆的效果。

我们应该怎样利用艾宾浩斯遗忘理论来调整自己的记忆规律，同时加强我们的记忆力呢？

俄国伟大的教育家乌申斯基曾经说过："不要等墙倒塌了再来造墙。"这句话生动地描绘了遗忘曲线应用的精髓：及时复习。遗忘规律要求我们在接触信息之后要立即进行复习，加强记忆，并且以后还要再复习几次，但复习的时间间隔可以逐渐增加。比如记忆的第一天后进行第一次复习，3天后再复习一次，下一次的复习则可安排在一周之后，以此类推。不管间隔时间多长，总之要在发生遗忘的时候及时复习。

艾滨浩斯认为，凡是理解了的知识，就能记得迅速、全面而牢固。不然，死记硬背是费力不讨好的。因此，我们在方便大脑整理记忆的时候，最好事先将信息进行一下"意义化"处理。比如，与其单纯地去记忆"1、4、3、5、8"的数字，不如利用联想法或者其他方法赋予其一个含义，这样记忆起来就会方便得多。

具体化让人记忆清晰

学做饭的人可能都经历过照着一个抽象的菜谱做饭的失败的情景，有些人认为自己天生不是做饭的料，看着菜谱做，还是会失败。其实这与是否具有做饭的天赋没有关系，而是菜谱描写过于抽象，比如"直到菜肴达到一个合适的程度"。我们不禁会问："合适？怎么才算是合适，为何不直接说搅拌多少分钟，或者配一幅图看看是什么样子？"

但是，当我们在做了几次这道菜后，"合适的稠度"这句话可能就开始有意义了，我们对这句话代表的意义有了一个感官印象。具体就是这样帮助我们理解的，它帮助我们在已有的知识和感觉的基础上建立更高更抽象的洞察力。抽象需要一些具体的基础，试图在没有具体基础的情况下教给别人一个抽象的原则，就像试图建一座空中楼阁一样困难。

具体化的创意更容易被人记住，以个别单词为例吧。有关人类记忆的实验表明人们更擅长记忆具体化、形象化的名词（"自行车"或者"鸭梨"），而不是抽象的名词（"正义"或者"人格"）。

大自然保护协会把橡树大平原命名为"汉密尔顿荒地"。名字源自于它的最高峰，也就是当地一个气象台所在地。把这片区域定义为连贯的地形景观，并且给它命名放在地图上，就是为了引起当地组织和政策制定者的注意。

"以前，硅谷组织就想保护离他们家园很近的那些重要区域，但他们不知道从哪儿开始。如果你说，'在硅谷的东边有一块确实很重要的区域'，这并不让人兴奋，因为不明确。但是当你说'汉密尔顿荒地'时，他们的兴趣就被提起来了。"有关人士斯威尼说。

帕卡德基金会是由惠普公司创始人之一创立的一个机构，为保护汉密尔顿荒地提供了一大笔捐款。海岸区域的其他环保组织也开始发起保护这片区域的活动。斯威尼说："我们现在总在会心微笑，因为我们看见别人的文件，他们正在谈论汉密尔顿荒地。我们真想对他们说，'要知道这是我们发动起来的'。"

住在城里的人们往往会这样命名他们附近的区域："卡斯特罗""苏豪区""林肯公园"等。这些名字定义了一个区域及其特征，邻近区域都有它们自己的个性。大自然保护协会通过它的地形景观创造了相同的影响力。

第五章　大多数人实际上并不理性

人生苦短，匆匆几十年，在这个世界上，没有什么是我一定要拥有的，也没有什么是我无法忘记的。我尽可以放开那些在我们生命中无法长久存留的，不去钻进欲望的沼泽。

——林语堂

（曾任教于北京大学，著名语言学家）

源于好奇的潘多拉效应

无法知晓的事物，比能接触到的事物更有诱惑力，也更能强化人们渴望接近和了解的诉求，这是人们的好奇心和逆反心理在作怪。

古希腊神话中的普罗米修斯盗天火给人间后，主神宙斯为惩罚人类，想出了一个办法：他命令火神赫菲斯托斯制作了一个美丽的少女，让神使赫耳墨斯赠给她能够迷惑人心的语言技能，再让爱情女神赋予她无限的魅力。她被取名为潘多拉，在古希腊语中，"潘"是"一切"的意思，"多拉"是"礼物"的意思，她是一个被赐予一切礼物的女人。

幽欢佳会宙斯把潘多拉许配给普罗米修斯的弟弟耶比米修斯为妻，并给潘多拉一个密封的盒子，并叮嘱她绝对不能打开。

然后，潘多拉来到人间。起初她还能记着宙斯的告诫，不打开盒子，但过了一段时间之后，潘多拉越发地想要知道盒子里面究竟装的是什么？在强烈的好奇心驱使下，她终于忍不住打开了那个盒子。于是，藏在里面的一大群灾害立刻飞了出来。从此，各种疾病和灾难就悄然降临世间。

宙斯用潘多拉无法压抑的好奇心成功地借潘多拉之手惩罚了人类。这就是所谓的"潘多拉效应"，即指由于被禁止而激发起欲望，导致出现"小禁不为，愈禁愈为"的现象。通俗地说，就是对越是得不到的东西，就越想得到；越是不好接触的东西，就越觉得有诱惑力；越是不让知道的东西，就越想知道。

心理学家普遍认为，好奇心是求新求异的内部动因，它一方面来源于思维上的敏感，另一方面来源于对所从事事业的至爱和专注。而逆反心理是客观环境与主体需要不相符合时产生的一种心理活动。逆反心理具有强烈的情绪色彩。形成逆反心理的原因比较复杂，既有生理发展的内在因素，又有社会环境的外在因素。一般地说，产生逆反心理要具备强烈的好奇心、企图标新立异或有特异的生活经历等条件。

"潘多拉效应"在现实生活中是普遍存在的。例如，收音机里播放的评书节目，每次都在最扣人心弦的地方停下，留下悬念，以使听众在第二天继续收听。再如，电视连续剧往往在剧情的关键处突然插播广告，这种做法除了能提高广告的收视率，更能吊足观众的胃口。

知道了这点，我们就可以变得更"聪明"一些：如果有人故意吊我们的胃口，我们要保持冷静、不为所动，避免受"潘多拉效应"的影响。例如，捂紧钱包，不被商家的"饥饿营销法"蛊惑。但是，如果对方是善意的，故意卖关子是为了给你一个惊喜，那么，你就要积极"配合"，否则会很扫兴的。

其实，在日常生活和工作中，我们除了被动地受"潘多拉效应"的影响，还可以主动地运用"潘多拉效应"来达到自己的目的，或是避开"潘多拉效应"，以免出现事与愿违的结果。

日本小提琴教育家铃木曾经创造过一种名为"饥饿教育"的教学法。他禁止初次到自己这里学琴的儿童拉琴，只允许他们在旁边观看其他孩子演奏，把他们学琴的兴趣极力地调动起来后，铃木才允许他们拉一两次空弦。这种教学法使得孩子们学琴的热情高涨，努力程度大增，进步也就非常迅速。

"潘多拉效应"在我们的生活中普遍存在，了解其原理后，可以带给我们更多的启示。

源自内心的满足感

我们做任何事情都需要有一个动机，比如，吃饭可能是因为你有了饥饿感。我们真心想要做一件事情的时候，是不会没有任何理由的。

对于我们来说，购物行为是经常发生的。那么，我们是否有想过人们为什么会购买物品？通常来说，购物动机的类型一般有几种：

需要型。这是因需要产生的动机。人的需要有多个层次，可以从不同角度加以分类。

求实型。这类动机的特征是"实惠""实用"。在选购商品时，这类顾客会特别注重商品的质量、性能等实用价值，不过分强调商品的款式、造型、颜色等，几乎不考虑商品的品牌等非实用价值的因素。

社会型。这是由人们所处的社会条件、经济条件和文化条件等因素而产生的动机。顾客的民族、职业、文化程度、支付能力等，都会引起其不同的购买动机。

惠顾型。这是基于情感或经验产生的动机。顾客对特定的服装及服务产生特殊的信任和爱好，使他们重复地、习惯地消费。

求美型。这是以追求美感为出发点的购买动机。这类顾客在选购商品时，首先注重的是款式、造型、颜色和外观美。

求廉型。这是注重价格的购买动机。

　　求名型。这类动机的特征是以品牌为出发点。这样的顾客在购买时几乎不考虑商品的价格、质量和售后服务，只是想通过购买名牌商品来显示自己的身份、地位，从中获得一种心理上的满足。

　　人们做某件事情或采取某种行动的最基本的内在动机，归根结底就是满足其内心的某种满足感。如果他所从事的这件事情，或者他采取的这种行动，不能给行动主体带来一定的满足感、愉悦感，就会使其感到厌烦、无聊，甚至觉得受到束缚，或感到痛苦。试想，有谁面对自己从内心就讨厌的事情，依然会充满激情地去做呢？无法获得内心的满足，就无法激发自身的动机，不想去做，或者即使做也是在敷衍、应付，这样怎么可能做好？

　　有一个烟瘾很大的人一直都想戒烟，但是不管使用什么方法，都不能起到很好的效果。总是过一段时间以后，他就不能够控制，又开始吸。很多时候，当再想吸烟时，他就会给自己找出若干的理由，说服自己没有必要这么折磨自己。结果戒烟戒了一年多，却没有一点效果。他的亲戚朋友对他也是苦口婆心地劝说，但最终还是无可奈何。

　　最后在一位心理学家的帮助下，这个人居然把烟给戒了。这位心理学家到底使用了什么方法呢？其实方法很简单，心理学家只给他看了两张照片，一张是不吸烟的健康人的肺，一张是因为吸烟而患有肺癌的人的肺。看着被厚厚的焦油覆盖和损坏的肺，有严重烟瘾的人被震撼了，他什么也没有说就离开了。从此以后，他再也没有吸过烟。吸烟这种不健康的行为，让他发自内心地感到厌恶，于是产生了强烈的戒烟动机。

　　因此，我们可以通过改变某种行为本身的意义，达到改变人们行为方式的目的。从理论上说，这是行得通的。当某种原本令人厌恶的行为，会给人带来某种满意的体验时，人们就会接受它；当某种原本会给人带来快感的行为，会对人造成某种伤害时，人们就会摒弃它。这就是内心满足感对人们的行为动机的激发作用。

占便宜心理和无功不受禄心理

打折促销之所以具有巨大的杀伤力，就在于它满足了消费者的"占便宜"心理。推销人群中也流传着这样一句话：顾客要的不是便宜，而是要感到占了便宜。顾客有了占便宜的感觉，就容易接受你推销的产品。

消费者在购物过程中，对所需商品有不同的要求，会出现不同的心理活动。用尽可能少的经济付出求得尽可能多的回报，这种消费心理活动支配着大多数人的购买行为。而顾客占便宜的心理也给了商家可乘之机。

怎么做才能让顾客觉得占了便宜呢？你可以去看看商场中最畅销的产品，它们通常不是知名度最高的名牌，也不是价格最低的商品，而是那些促销"周周变、天天有"的商品。促销的本质就是让顾客有一种占便宜的感觉。一旦某种以前很贵的商品开始促销，人们就觉得买了实惠。虽然每个顾客都有占便宜的心理，但是又都有一种"无功不受禄"的心理，所以精明的销售人员总是能利用人们的这两种心理，在未做生意或者生意刚刚开始的时候拉拢一下顾客，如送顾客一些精致的礼物，以此来提高双方合作的可能性。

占便宜是人们常见的一种心理。例如，某某超市打折了，某某厂家促销了，某某商店甩卖了，人们只要一听到这样的消息，就会争先恐后地向这些地方聚集，以便买到便宜的东西。

物美价廉永远是大多数顾客追求的目标，很少听见有人说"我就是喜欢花多倍的钱买同样的东西"，人们总是希望用最少的钱买最好的东西。这就是人们占便宜心理的一种表现。

另外，销售人员在推销自己的产品的时候，可以利用顾客占便宜的心理，使用价格的悬殊对比来促进销售。其实在很多世界顶尖的销售人员的成功法则中，利用价格的悬殊对比来俘获顾客的心是常用的一种方法。你可以先在顾客的心里设置一个较高的价位，或者在对方心里设置一个价格悬念，然后再以一个比原来低得多的价格做比较，让顾客通过比较，感觉有便宜可占，于是作出购买决定。利用价格悬殊来诱导顾客购买产品时，要掌握好分寸，避免方式过激给顾客被骗了的感觉。同时，优惠政策是你抓住顾客心理的一种有效推销方式。大多数顾客只看你给出的优惠是多少，然后和你的竞争对手做比较，如果你没有让顾客觉得得到优惠，顾客可能就会离你而去。所以你不仅要保证商品的质量，还要注意满足顾客这种想要优惠的心理需求。有些顾客在面对打折产品时，会因为产品对自己来说可有可无而犹豫不决，但顾客的贪便宜心理会告诉自己：机不可失，失不再来，过了期限、商品恢复原价后就买不到了。从心理学上讲，顾客会在这种外界压力下产生强烈的心理不平衡，同样的产品，我现在买就能省好多钱，以后再买多不值啊。于是在这种焦虑下，顾客就会积极行动，强迫自己在规定的时间内完成购买任务。所以说，商家所规定的优惠时限会给顾客制造一定的购买压力。

但是，优惠不过是一种手段，说到底是用一些小利益换来回报，不然商场里也不可能经常有"买就送""大酬宾"等活动。当然，在优惠的同时，你还要传达给顾客一种信息：优惠并不是天天有，你很走运。这样，顾客才会更满足，才会更愿意与你合作。

即使你推销的产品在某方面有些不足，你也可以通过某些优惠让他们满意而归。如果顾客对你的产品提出意见，你千万不要直接否定顾客，要正视产品的缺点，然后用产品的优点来弥补这个缺点，这样顾客就会觉得心理平衡，同时加快自己的购买速度。比如顾客说："你的产品质量不好。"作为销售人员的你可以这样告诉顾客："产品确实有点小问题，所以我们才优惠处理。不过虽然是有问题，但我们可以确保产品不会影响使用效果，而且以这个价格买这种产品很实惠。"这样一来，你的保证和产品的价格优势就会促使顾客产生购买欲望。

总之，利用人们占便宜的心理，从中可以获得许多商机。

为什么多数人都会随大流

在物质丰富的当今社会里，满足了温饱之后，各地依然会出现哄抢食盐、哄抢药材等现象。人们为什么要哄抢？哄抢中，人们的心理发生了怎样的变化？

哄抢者往往把自己的行为归结到社会和他人身上。当哄抢者在分析参与哄抢的原因时，总是喜欢说"随大流"和"法不责众"。这个过程在心理学上叫作"归因"，即归结行为的原因，"我为什么要做这件事情"。归因不仅是一个心理过程，也是人类的一种普遍需要。因而每一个人都可以被看成业余心理学家，每个人都有一套从其自身经验归纳出来的行为原因与其行为之间的联系的看法和观念。

从哄抢者个人角度来说，社会中孤独的个人为了求生存的需要，自然而然地会形成一种依赖群体的心理，在这种心理的影响下，就会产生一种被称为"群集欲"的愿望。当个人具有严重不安感和挫折感时，更容易受到不良信息的暗示。因此，个人不仅会以一种本能心态加入各种社会团体，而且很容易产生一种参加到聚集的群众中的意愿，与聚集的人群共同行动。

从众心理是人类的一个思维定式，是在群体压力下在认知、判断、信念与行为等方面与群体中多数人保持一致的现象。

从众行为有时虽然不是按照个体本意作出的，却是个体的自愿行为。内心具有安全感的个人一般不至于参加聚众而共同实施行为，只有那些具有严重不安感和挫折感的个人，才有这样的欲望，其目的就在于想在聚集的人群中寻求某种安全感和发泄心中的挫折感。

由于多数个人在聚众之中产生交互作用的关系，聚众后所体现的不安感与挫折感比单独的个人所体验的要大得多。在这种情况下，当有人向这种具有严重不安感和挫折感的个人提出某种指示时，他们最容易接受，并且把这种指示变成自身的目标，表现出带有激进色彩的情绪波动。

哄抢事件其实还反映出更深刻的社会心理原因。比如人们对生活的满意度与社会发展的现实并不一致，哄抢油的人并不缺油。整体说来，趋利避害是人类行为的基本原则，是人类普遍存在的心理。人们都本能地企图在交换中获取最大收益，减少代价，交换行为本身就变成了"得"与"失"的对照。如果收益与代价平衡，互动得以维持；相反，如二者不平衡则互动难以长期维持。

人们在衡量自身得与失之间的关系时，就形成了"满意度"。满意度的高低，跟现实中金钱名誉的得失并不一定是统一的，它更多的是一种自我体验。同样的处境，不同的人有不同的满意度。钱多的人不一定自我满意度高，穷人也有自己的幸福生活。也就是说，在日常生活中，人们并不是一直以物质作为交换的，也会顾及精神间的交换。

社会激烈变化和转型期间的特殊情况，对人们心理造成了巨大压力。当人们把所有问题的原因都归咎于社会和他人时，"趋利"心理就会让个体放大了不满意自我体验，感到自己获取利益少了，满意度开始下降。同时，个体在归因过程中，对有自我卷入的事情的解释，带有明显的自我价值保护倾向。"避害"心理让哄抢个体认为自己只是在捡洒落的人民币，对自己并不会有任何坏处。

因此，在明知一件事情是违法或犯罪的时候，一个人可能不会去做。但是如果一群人中有人已经做了，并且在当时只能看到获益而没有产生相应后果的时候，人们就会产生非理性思维，最终"捡拾个体"组成了"哄抢群体"，造成了社会的不和谐。

哄抢中，人群体现出来对物质的过度追求的嫉妒、敌对心理，体现出个体缺乏自身修养的程度正在上升，这个状况是非常令人担忧的；哄抢后，人们对"法不责众"的自我保护心理，如果处理不当，会给其他人带来不良的模仿、暗示和社会感染，具有消极的意义。有专业人士指出，人们心理卫生健康状况是构建和谐社会的关键，哄抢事件引发的深思表明，对大众心理卫生健康的辅导迫在眉睫。

给人"留面子"的背后

心理学家认为，在提出自己真正的要求之前，先向对方提出一个大要求，遭到拒绝以后，再提出自己真正的要求，对方答应的可能性就会大大增加。这便是心理学上所说的"留面子效应"，又被称作"欲得寸先进尺"。

有两家卖粥的小店，每天的顾客相差不多。然而晚上结账的时候，左边的那家小店总比右边的那家多出两三百块钱，天天如此。细心的人发现，先进右边粥店时，服务小姐微笑着迎上前，盛了一碗粥，问道："加不加鸡蛋？"客人说"加"，于是小姐就给客人加了一个鸡蛋。每进来一个人，服务小姐都要问一句："加不加鸡蛋？"有说"加"的，也有说"不加"的，各占一半。走进左边粥店，服务小姐也是微笑着迎上前，盛上一碗粥，问道："加一个还是两个鸡蛋？"客人笑着说："加一个"。再进来一个顾客，服务小姐又问一句："加一个还是两个鸡蛋？"爱吃鸡蛋的说"加两个"，不爱吃的就说"加一个"，也有要求不加的，但是很少。一天下来，左边这个小店就总比右边那个卖出更多的鸡蛋。

心理学家认为，"留面子效应"的产生源于人们内心深处的内疚感。人们在拒绝别人的大要求时，感到自己没有能够帮助别人，辜负了别人对自己的期望，损害了自己富有同情心、乐于助人的形象，会感到非常内疚。这时，如果对方再次提出一个较小的要求，人们为了恢复在别人心目中的良好形象，也为了达到一种心理上的平衡，便会欣然接受。

美国心理学家查尔迪尼曾经进行过一项"导致顺从的互让过程"的研究实验。他将一批参加实验的大学生分为两个小组，首先，对第一个小组的实验者说，要他们花两年时间担任一个少年管教所的义务辅导员。这是一件劳神费力的工作，而且没有任何回报。结果，大学生们都以各种理由断然拒绝了。随后，他提出了另一个要求，让这些大学生带领少年们去动物园玩一次，需要耗时两个小时。结果有50%的大学生很爽快地答应下来。接下来，他向第二组大学生提出同样的要求时，却只有16.7%的人同意去动物园。

生活中，我们细心留意也能发现很多"留面子效应"的现象：你想要父母为你买数码相机，可以先提出要买一台电脑，父母以家中暂时紧张为由，拒绝了你，这时你再提出要买照相机，父母往往会考虑一番后答应你的要求；自己有一件棘手的事情需要朋友帮忙，先向对方提出了一个更大的要求，遭到拒绝后，再将真实的要求提出来，对方往往比较容易接受；上司需要将一项复杂的工作交给下属完成，可以假装让员工完成另一件更为艰巨的工作，当他面露难色的时候，再将这件工作交付给他，他便会愉快地接受任务。

在人际交往中，恰当地运用"留面子效应"，能及时地消除对方的不满情绪。"留面子效应"也经常被一些精明的商人运用，他们把物品标出很高的价格，然后来个"大甩卖"，很多消费者都兴高采烈地购买该商品。在商场，时常有这样的情形。其实，精明的商家无论最后给出了多大的折扣，都暗暗地运用了"留面子效应"，让顾客心甘情愿地消费。

同样，在一些服务性的行业中，采用巧妙的方法，能够化解顾客抱怨、不满的情绪。在一架即将着陆的客机上，乘客们忽然听到话务员的通知："由于机场拥挤不堪，飞机暂时无法降落，着陆时间将推迟一小时。"顿时，机舱里响起了乘客们的抱怨声。他们不得不做好心理准备，在空中备受煎熬地等待一个小时。几分钟之后，话务员甜美的声音再度响起："旅客朋友们，晚点时间将缩短到半个小时。"听到这个消息，乘客们都欢喜雀跃。又过几分钟，乘客们再次听到广播："再过三分钟，本机即可着陆。"乘客们个个拍手称快，喜出望外。虽然飞机晚点了十几分钟，乘客们却感到格外的庆幸和满意。

当然，"留面子效应"是否会发生作用，关键在于双方关系的亲密程度以及你需求的合理程度。如果既无责任，又无义务，双方素昧平生，却想别人答应一些有损对方利益的事情，这时候该效应是无法发挥作用的。

同样的钱为什么感觉不同

有一个人要去听一场音乐会，票价是 200 元，出发时发现丢了一张价值 200 元的电话卡，虽然很心疼，但并没有影响他去听音乐会。而如果这个人把提前购买的 200 元音乐会门票弄丢了，他则不愿意再次买票去听了，这是为什么呢？

丢了电话卡，损失了 200 元，丢了音乐会的门票，也损失了 200 元。同样是损失 200 元，从损失的金钱上看，并没有区别，但为什么丢了电话卡后那个人仍然选择去听音乐会，而丢了音乐会门票之后就选择不再去听了呢？原因是，在人们的脑海中，建立了多个账户，电话卡和音乐会门票被归到了不同的账户中。因此，丢失了电话卡，在音乐会的账户里，其支出仅仅是 200 元，并不会因为丢失了电话卡使音乐会所在账户的预算和支出发生变化，因此，人们仍然会选择去听音乐会。但丢的是音乐会门票，如果再买一张音乐会的门票的话，前后两张音乐会门票都被人们归入到了同一个账户，所以看上去，如果要听这场音乐会，就要花 400 元才行，这样人们当然觉得很不划算，因此放弃。

这种相同数额的钱在同一个消费者的心理上产生不同反应的现象，主要是因为他把不同来路的钱放到了不同的"心理账户"。同样地，辛勤劳动换来的 100 万和中彩票或者捡来的 100 万，在人们的大脑中根据不同的来路被归入了不同的账户，因此两者就不一样。

挣来的钱和意外之财，使用起来当然是不一样的。自己辛苦挣来的钱花起来肯定会很谨慎，不该花的不花，该花的能省则省；意外之财反正是白得的，没了就没了，不用白不用，花起来也很随便，因此人们可能就会毫无顾忌地请客吃饭，买各种高昂的奢侈品，很快就会被挥霍空。

美国行为科学家查德·赛勒曾经说过："钱并不具备完全的替代性，因为我们会分别为不同来路的钱建立不同的账户。"的确，每个人在心里都会根据各种理由建立若干个心理账户，管理着不同来路的钱，对其进行不同的预算和支出，并影响着自己的消费行为。

李女士最近去逛商场，看中了一款标价为 1999 元的化妆品，犹豫了好长时间，她还是不舍得买，觉得实在是太奢侈了。但是过生日的时候，当她的丈夫把这套化妆品作为生日礼物送给她的时候，她还是非常开心。

尽管李女士知道她买和她丈夫买，用的都是家里的钱，为什么一样的钱以不同的理由开支心理感觉会不同？心理学家认为，李女士如果自己花钱去购买 1999 元的化妆品，则属于生活开支，有点奢侈；而丈夫作为生日礼物送给自己，则属于情感开支，情感是无价的。因此，人们为何欣然接受昂贵的礼品自己却未必购买昂贵的礼品，也就不足为奇了。

另外，对于普通人来讲，由于"心理账户"的存在，他们可能会在很短的时间内花完从其他途径得来的不是自己辛苦劳动所挣来的钱，比如说奖金、礼金或者中彩票得来的百万大奖；但是另一方面，他们又会非常在乎退休金、养老金、定期存款等，对这些也往往会采取相对保守的投资策略。

心理学家建议我们把所有的钱都根据用途分门别类地归入不同的账户。这些账户建立得越清晰，执行得越严格，我们就越不会没有节制地、不加计划地乱花钱，生活也会过得更加美好。

总买没用的东西

购买决策占据了我们日常生活决策的很大比重。通常，我们总认为自己在判断是否购买某件物品时衡量的是该物品对自己的效用，也就是说这样东西有没有用。可是仔细想一想，你买的东西都是真的有用的吗？你会买没用的东西吗？

冬天即将来临，李雷和爱人商量，打算买一套新羽绒被。他们打算买豪华双人被，这种款式的被子无论尺寸还是厚度对他们而言都是最合适的。进了商场后，他们惊喜地发现这里正在做活动，现在，原价分别是450元、550元和650元的普通羽绒被、豪华双人被、超级豪华双人被，这3种款式现价一律为400元。

在这样的情况下，一般人会觉得用同样的价钱，买下原价更高、貌似质量款式也更好的东西是很值得的。于是，本来是打算买豪华双人被的，不论是尺寸还是厚度，这种被子都是最合适他们两个人用的。但是，买超级豪华被让他们觉得得到了250元的折扣，这是多么合算啊！所以，他们买了超级豪华双人被。

但是，两人没有高兴几天，就发现超级豪华双人被很难打理，被子的边缘总是耷拉在床角；更糟的是，每天早上醒来，这超大的被子都会拖到地上，为此他们不得不经常换洗被套。过了几个月，他们已经后悔当初的选择了。

很多时候，我们的"合算的"交易是否也会如同这对夫妻一样呢？我们是不是也会因为一些因素的影响而改变了自己原本的初衷呢？

理性地说，我们在决定是否购买一样东西时，衡量的是该物品给我们带来的效用和它的价格哪个更合理也就是通常所说的性能价格比，然后看是不是值得购买。既然从实用性来讲，三种被子中，给我们带来满足程度最高的是豪华双人被，而且它们的价格也没有什么区别，我们当然应该购买豪华双人被。可是在我们作购买决策的时候，我们的"心理账户"里面还在盘算另外一项——交易带来的效用。所谓交易效用，就是商品的参考价格和商品的实际价格之间的差额的效用。通俗点说，就是合算交易偏见。这种合算交易偏见的存在使得我们经常作出欠理性的购买决策。

交易效用理论最早由芝加哥大学的萨勒教授提出。他设计了一个场景让人们来回答：如果你正在炎热夏季的沙滩上，此刻你极度需要一瓶冰啤酒。你想让好友在附近的杂货铺买一瓶，这时，你想一下杂货铺里的啤酒要多少钱你可以接受。然后实验者又把"沙滩附近的杂货铺"这个地点换了一下，改成了"附近一家高级度假酒店"。因为这瓶啤酒只是你自己请朋友帮忙带来的，而你自己并没有真正地处于售卖啤酒的环境中。也就是说，啤酒仍旧是那瓶啤酒，无论是从舒适优雅的度假酒店还是简陋狭窄的杂货铺，这些环境都与你无关。那么，在这样的设定中，同样的一瓶冰啤酒，人们会因为地点的不同而作出不同的选择吗？

结果显示，人们对待高级场所的商品价格总是很宽容的，同样的商品，在这样的环境下，哪怕自己并不是真正地处于那样的环境，人们愿意花费更高价钱的。换句话说，如果最后朋友买回的啤酒，被告之从度假酒店里花了 5 元钱买回来，你一定会很高兴，因为你不仅享受到了美味的啤酒，还买到了"便宜货"，因为你可能一开始的心理定价是 10 元，你觉得这瓶啤酒实在是太值了！但是，如果朋友说是花了 5 元钱从杂货铺买来的，你会觉得吃亏了，因为你一开始的心理价位是 3 元钱，最后的花费比预想多用了 2 元，这样，虽然喝到了啤酒，心里却是不怎么高兴，因为此时你的交易效用是负的。可见，对于同样的啤酒，正是由于交易效用在作怪，而引起人们不同的消费感受。

合算交易偏见和不合算交易偏见使得我们作出欠理性的决策。理性的决策者应该不受表面合算交易或无关参考价的迷惑，而真正考虑物品实际的效用。将物品对我们的实际效用和我们要为该物品付出的成本进行比较权衡，以此作为是否购买该物品的决策标准。

如果我们想少几分正常多几分理性，我们应当只考虑商品能够给我们带来的真正效用和我们为此所要付出的成本。

炫耀心理为哪般

为什么有的时候标价越高，购买的人越多？"成本一二十元的东西，进口后却要卖个三四百，这就是目前进口红酒的经济学。"在法国经商多年的陈元这样说。

有人透露，一瓶价值 20 元的洋红酒，各种费用加起来，到岸成本也才 30 元左右，之后的仓储和本地运输、人工费用合计也才 2 元人民币，售前成本大约 32 元。但是，到了经销商那里，则以 80～100 元的价格卖出去，经销商有 50％ 的毛利。而到了超市或商场之后，就会再加价 10％ 到 15％ 销售，到消费者手中就成 100 元左右了。而一旦进入西餐厅，则按经销商供货

价的 2～2.5 倍卖给消费者，进入酒店的红酒，身价更陡增 3～4
倍，售价可达 300 元左右。现在的葡萄酒市场上，由于消费者
对葡萄酒定价缺少概念，一些商贩基本上都是随口定价，一般
都往高了定，最奇怪的是，葡萄酒反而越贵越好卖。

当我们在购物时，看到同一类产品，我们一般会选择相对
昂贵的，因为从内心来讲，我们比较认可昂贵事物的质量和价
值，即多数情况下，我们会认为贵的就是好的。所以，同样的
东西，反而是越贵越好卖。其实，按理来说，便宜的东西不才
应该更让人有物美价廉的满足感和成就感吗，为什么许多人又
要反其道而行之呢？这让人百思不得其解的现象又应该怎么解
释呢？

这一现象曾引起了美国著名经济学家凡勃伦的注意，他在
其著作《有闲阶级论》中探讨研究了这个问题。因此这一现
象——价格越高越好卖——被称为"凡勃伦效应"。

凡勃伦效应表明，商品价格定得越高，就越能受到消费者
的青睐。这是一种很正常的经济现象，因为随着社会经济的发
展，人们的消费会随着收入的增加，逐步由追求数量和质量过
渡到追求所谓的品位和格调。

而凡勃伦把商品分为两类，一类是非炫耀性商品，一类是
炫耀性商品。非炫耀性商品仅仅发挥了其物质效用，满足了人
们的物质需求。而炫耀性商品不仅具有物质效用，而且能给消
费者带来虚荣效用，使消费者通过拥有该商品而获得受人尊敬、
让人羡慕的满足感。鉴于此，许多人都会毫不犹豫地购买那些
能够引起别人尊敬和羡慕的昂贵商品。所以，许多经营者瞄准
了我们的这个消费心态，不遗余力地推动高档消费品和奢侈品
市场的发展，以使自己从中牟利。比如凭借媒体的宣传，将自
己的形象转化为商品或服务上的声誉，使商品附带上一种高层
次的形象，给人以"名贵"和"超凡脱俗"的印象，从而加强
我们对商品的好感。

就是这个原因，造就了炫耀性消费——价格越贵，人们越疯狂购买；价格便宜，反倒销售不出去。比如，在服装店里，标价太低，可能会让人觉得没档次，从而让它在那里落满灰尘，但若在价签上的数字后面加个零，或许就会有人来问津。

那么，面对类似于这种商品谋取暴利的情况，我们又要怎样做呢？

首先，要打破"便宜没好货"的心理。我们在购买东西时，要学会关注产品本身的质量。如果我们能够分辨普通商品的好坏，那么就可以大致相信自己的判断。但是，如果是较为昂贵的高档产品，最好有专业人士陪同购买，千万不要抱持"贵才是真理"的心理，这样，可能就会被当成"肥羊"给"宰"了。

其次，我们要做个理性的消费者，最好要尽量克制自己的感性购买，不要一冲动就甩出去大把人民币，更不要被一些"花花广告"等宣传造势所蒙蔽。

越禁止，越禁不止

日本著名作家渡边淳一在他的《男人这东西》中写道："男人的爱往往是相对的。眼下最爱这个女人，但是，不久第二位、第三位会相继出场。不论她多么出色，男人总免不了偶尔心有旁骛，希望更有新人。"

张爱玲在小说《红玫瑰与白玫瑰》里说：男人的心目中往往有两种女人，一种是红玫瑰，一种是白玫瑰。得到红玫瑰的，白玫瑰则成了"床前明月光"，可望而不可即，红玫瑰则成了墙上的"蚊子血"；而得到白玫瑰的，红玫瑰成为心中永远的"朱砂痣"，白玫瑰则成为"衣服上的饭粒"。

再比如，有些家长总是喜欢禁止孩子做这做那，比如不让读不健康的书，不让早恋，不允许玩游戏、网络聊天，等等。但是如果一味地严厉禁止，而不讲明利害，就容易让孩子产生逆反心理，激发孩子的好奇心，使他们在好奇心的驱使下甘冒风险去尝试那些苦果，这反倒使教育走向了反面。

其实，在生活中，这样的情况也很常见。比如，历代统治者经常把他们认为是"诲淫诲盗"的书列入禁书之列，如我国的《金瓶梅》和西方的萨德、王尔德、劳伦斯等人的作品。但是被禁不但没有使这些书销声匿迹，反而使它们名声大噪，使更多的人挖空心思要读到它们，反而扩大了它们的影响。

这样的现象，我们就将之称为"禁果效应"。越是被禁止的东西或事情，越会引来人们的兴趣和关注，使人们充满窥探和尝试的欲望，千方百计试图通过各种渠道获得或尝试它。禁果效应存在的心理学依据在于：无法知晓的神秘事物，比能接触到的事物对人们有更大的诱惑力，也更能促进和强化人们渴望接近和了解的需求。

《圣经》中亚当和夏娃偷吃禁果的故事尽人皆知：上帝在伊甸为亚当和夏娃建了一个乐园，让他俩住在园中，修茸并看管这个乐园。但是上帝吩咐他们："园内各种树上的果子你们都能吃，唯独善恶树上的果子不能吃，因为吃了它你们就会死。"亚当和夏娃谨记着上帝的教诲。

但是有一天，夏娃禁不住蛇的诱惑，摘下了善恶树上的果子，吃了下去；她又给了亚当，亚当也吃了。上帝得知后将他们赶出了伊甸园，惩罚了罪魁祸首——蛇，让它用肚子走路；责罚夏娃，增加她怀胎的痛苦；让亚当终身劳作才能从地里获得粮食。在现实生活中，禁果似乎分外香、格外甜，越是不让做的事，越是禁止做的事，人们越想做，因为它激起了人们的好奇心理和逆反心理。

《圣经》中这个关于人类远祖的故事，暗示了人类的本性中具有根深蒂固的禁果效应倾向。

我们常说的"吊胃口""卖关子"，就是因为对信息的完整传达有着一种期待心理，一旦关键信息在接受者心里形成了接受空白，这种空白就会对被遮蔽的信息产生强烈的召唤。这种"期待—召唤"结构就是禁果效应存在的心理基础。

所以，我们在为人处世中，可以双向地采用这种心理现象。如果我们不想让某人做某事，我们就不要直截了当地提出对方的"被禁令"，或者假装若无其事，或者有意无意地阐明某事的害处，或者根本就不发表意见从而见机行事……相反地，我们有时也可以用一些技巧让别人帮我们做事，我们只要稍微激将一下对方，再告诉他这件事他或许做不了、不能做，如果对方是颇有好胜心的人，就有可能反被说动而自行请令。

对未竟事容易念念不忘

很多电视剧的忠实"粉丝"对节目中插播的广告甚为反感，但是，又不得不硬着头皮看完，因为广告插进来时剧情正发展到紧要处，实在不舍得换台，生怕错过了关键部分，于是只能忍着，一条、两条……直到看完第 N 条后长叹一口气："还没完呀？"

不得不承认，这广告的插播时间选得着实精妙。其实说穿了，都是广告商摸透了观众的心理，才能让我们欲罢不能。很多事情就是这样，不完成似乎就心有不甘。我们大可以回忆一下，记忆中最深刻的感情，是不是没有结局的那一桩？印象中最漂亮的衣服，是不是没有买下的那一件？最近心头飘着的，是不是那些等我们完成的任务？

那么，究竟是一种怎样的心理，让我们被牵着鼻子走呢？

这就如同遇到这样的情况：我们经常会在备忘录上记下重要的事情，但是到最后还是忘记了。因为我们以为记下来了就万事大吉，紧张的神经松弛下来，最后连备忘录都忘了看。在打电话之前，我们能清楚地记得想要拨打的电话号码，打完之后却怎么也想不起来刚才拨过的号码。

其实，这都是一种被称为"蔡加尼克效应"的心理现象在起作用。

1927 年，心理学家蔡加尼克做了一系列有关记忆的实验：他给参加实验的每个人布置了 15～22 个难易程度不同的任务，比如写一首自己喜欢的诗词、将一些不同颜色和形状的珠子按一定模式用线串起来、完成拼板、演算数学题，等等。完成这些任务所需的时间是大致相等的。其中一半的任务能顺利地完成，而另一半任务在进行的中途会被打断，要求被试者停下来去做其他的事情。在实验结束的时候，要求他们每个人回忆所做过的事情。结果十分有趣，在被回忆起来的任务中，有 68％是被中止而未完成的任务，而已完成的任务只占 32％。这种对未完成工作的记忆优于对已完成工作的记忆的现象，被称为"蔡加尼克效应"。

由此可知，我们在做一件事情的时候，会在心里产生一个张力系统，这个系统往往使我们处于紧张的心理状态之中。当工作没有完成就被中断的时候，这种紧张状态仍然会维持一段时间，使得这个未完成的任务一直压在心头。而一旦这个任务完成了，那么这种紧张的状态就会得以松弛，原来做了的事情就容易被忘记。

蔡加尼克效应说明，当心理任务被迫中断时，人们就会对未完成的任务念念不忘，从而产生较高的渴求度。这就是人们常说的：越是得不到的东西，越觉得宝贵；而轻易就能得到的，就会弃之如敝屣。

这也为家长们提供了一条合理的建议，即不能让孩子的愿望过早地得到满足，因为他得到了可能就不会再珍惜了。所以，在进行教育的过程中，不能一股脑儿地将知识灌输给孩子，而应该分阶段地给孩子讲解，让他们有意犹未尽的感觉。家长在教育孩子的过程中，无论是教授知识还是讲述做人的道理，在讲到关键处不妨稍作停顿或者让孩子谈一下看法，这样孩子就会对知识或道理产生浓厚的兴趣，从而对这个关键点产生深刻的记忆。事实上，突出关键点的方法很多，可以重复强化，可以详细阐述等，而最有效的方法就是戛然而止不再讲解，这使孩子的求知欲受到阻碍，反而会让孩子产生迫不及待的求知心理，他的求知欲已经被激发，这时候的教育效果就会比较理想了。

不同阶段的时间感不同

在生活中，有一种人做事总是拖拖拉拉，一件事情不到最后绝不动手，到了不得不做的时候，往往因为时间来不及而匆匆完成，应付了事；另外一种人总是将工作与生活处理得井井有条，做事有条不紊，就算是遇到问题也能妥善处理。这两种人之所以如此大的差异，是与他们对时间的不同感觉而导致的。

我们的主观时间感是在我们的人生中不断变化发展的。让我们来了解一下这些发展阶段，并思考一下它们分别跟我们的拖延有着什么样的关系。也许我们现在的拖延习惯时间与我们早期某个发展阶段的时间概念密切相关。

对一个婴儿来说，生活完全处于当下这个时刻，时间完全是主观的。不管时钟上的时间是几点，他只知道"我现在饿了"。婴儿无法长时间地忍受痛苦，如果需要得不到及时的满足，他们就会号啕大哭。对一个婴儿来说，时间意味着从感觉到某种需要到满足这种需要之间的间隔。

如果在日后的生活中遭遇到恐惧和焦虑，一个以婴儿时间来反应的人就将这样的恐惧和焦虑视作无法忍受和无法穷尽的，而不是一般来得快也去得快的情绪。而拖延却可以帮助人们逃避当下无法承受的难受和痛苦情绪。虽然拖延会引起不良后果，但是在这样一些时刻，你根本不会去想象将会出现什么样的后果，就像一个视酒如命的人看到好酒后，根本不会想到酒精对自己身体的伤害，他想做的是马上品尝到面前的好酒。

在蹒跚学步阶段，孩子们逐渐学会了什么是过去、现在和将来。虽然他们现在非常饥饿，但是当父母告诉他们马上就有东西吃时，他们不再立即大哭，因为他们也开始逐渐适应父母亲的时间。

在亲子关系中，父母的时间观始终在发挥影响力，所以实际上不是时间本身创造了他们对时间的态度，而是亲子关系的好坏本身对孩子的时间态度有影响。后来，当我们的拖延成了一场与时间抗争的战斗时，实际上我们抗争的不是时间，而是那些想要控制我们的人。与客观时间的抗争实际上可能反映了内心对父母时间的抵制。

当长到大约 7 岁的时候，孩子的时间观念开始与外界更多的规则和期待发生冲突。如，上课有课程表，作业有上交的最后期限，父母希望孩子在出去跟伙伴们玩耍之前整理好自己的房间并帮忙做一点家务。这一切对有些孩子来说，理解为时间可以是一个压迫者，或者也可以是一个解放者。

有些孩子，尤其是有多动症以及相关问题的孩子，在他们的思维里，不具有良好的生物上的时间感，当外界环境发生变化的时候，需要他们在主观时间和客观时间进行切换的时候，他们就会面临很大的障碍。在后期的生活中，他们或许会发现他们对时间的体验不是流动的、顺畅的，这就为日后的拖延奠定了基础。

青春期的孩子感受了时间流逝，他们感觉生命是无限的，敏感的身体和热情的理想占据了一切；未来在他们面前展现出一幕宏大的场景。然而，随着学业、工作以及人际关系上的选择日益逼近，所有这些截止日期以及必须作出的抉择又让未来在现实面前撞得粉碎。

在青少年长大成人的转变过程中，大多数人都会面临很多的内心冲突，他们也许会拒绝承认自己可能需要永远地放弃某些人生道路，而利用拖延作为他们拒绝长大的庇护。他们固执地坚守少年期对时间无限和可能性无限的感觉，迟迟不走入可以让他们长大成人的人生道路——完成学业，找一份工作，站稳自己的脚跟，建立起一个独立的人生。比如有些大学毕业生看到就业的压力，就不愿离开学校而步入社会工作，甚至是终日在学校附近浪荡，也不愿走进拥挤的人才市场。

当一个人长到二十几岁的时候，他们的人生步入正常轨道，感觉自己有着无限美好的梦想，而且有大把的年华去实现。这在感觉上非常充裕，而且变得更具有现实感了。他们会认识到人生不全是完美的，选择一件事的同时也意味着放弃另外一件事情。他们可能没有足够的时间去完成每一件事情，有些机会可能会错过。

在这个阶段，为了检验他们跟时间的关系，可以看一看拖延在他们生活中扮演的角色。拖延现在不再是朋友之间的一个笑话，也不再是以后你可以弥补的某件事情。它的后果表现得越来越严重：工作中的最后期限跟一个人的职业生涯与收入密切相关，当你单身的时候，你只要为自己一个人支付拖延的代价。一旦你有了一个伴侣，另一个人就会直接受到你拖延的影响，并容易引发双方的争吵。

随着岁月的流逝，过了30岁。这时，由于社会和家庭的关系，你被期待着在自己的潜能上有所表现。当你在事业或感情中表现拖沓的时候，这或许表示你的事业或感情出现了问题。拖延者难以接受人生的限制，当他们发现他们一直以为会在某一天实现的目标在人到中年时依然没有实现的时候，他们震惊了。

在理性的层面，我们都知道生命总会有一个终结，但是拖延者却同时生活在生命无限的幻想中——无限的时间，无限的可能性，无限的成就，总有更多的时间去弥补那些被延后的事情。认识到时间的有限性是中年人心理上面临的一个主要挑战：

我用我的时间做成了一些什么？我还剩下多少时间？我想怎样度过这段时间？这时，我们还会突然面对人必有一死的事实。

从成年到老年的过程中，我们被越来越多的丧失与死亡所包围：某些身体功能的丧失；疾病越来越严重；挚爱的人离开了人世；剩下来可以活着的时间越来越有限。未来也不再像早年那样充满了希望和前景。钟表时间可能已经不再重要，而主观时间显得更为重要了。

对于一个跟生命的有限性做着抗争的拖延者而言，接受生命无可避免的终结是一项具有重要心理意义的挑战。在这个时刻，他不再否认自己一生拖延所产生的种种后果。

回顾以往的生活，有着各种的焦虑和需要解决的问题。一切都没有变化，他在那样的条件下，尽可能地做一些自己所能做的事情。坦然地接受过去或许会给自己带来内心的平静，而不接受只会带来绝望或自我谴责。他甚至感到一种释然和自由，因为他终于知道自己没有必要再去追求那已经无法达成的目标。这当然是一件好事。

如果我们不想在年老的时候为曾经的拖延买单，不想终日生活在悔恨与遗憾之中，那么让我们从现在开始做一个珍惜时间的人吧。

第六章　我们的决策易受别人影响

没有知识上的门户开放，不可能有真正的心灵扩展，而没有真正的心灵扩展，也就不可能有进步。

——辜鸿铭
（曾任教北京大学，语言学家）

人类为什么需要集体

在生活中，我们经常看到很多人才，感慨怀才不遇，一生碌碌无为，却始终不得志。其实，人生成功机遇的多少与其交际能力和交际活动范围的大小几乎是成正比的。我们应充分发挥自己的交际能力，不断建立和扩大自己的交际范围，发现和抓住难得的发展机遇，进而拥抱成功！

斯坦斯研究中心的一份调查报告指出：一个人赚的钱，12.5%来自知识，87.5%来自关系。关系只是面对个别人的，而圈子却是关系的扩大化。从心理学的角度来看，人与人之间的交往是必不可少的，同时，人也更倾向于让自己成为某个群体中的一员，在这个群体里，大多会有共同的思维、意识、行动。这也就是我们常说的"物以类聚，人以群分"。

上海威顺康乐体育咨询有限公司董事长兼总经理吴榄华直言自己有两三千个朋友，每年都会见三四次的有1500多个，而经常联系的就有三四百人。目前，吴榄华的个人资产已经超过8位数。吴榄华感言，自己的事业是因为得到圈内朋友的照顾才会如此顺利，"包括开公司、介绍推荐客户和业务等，各种朋友都会照顾我，有什么生意都会马上想到我。"

在朋友的推荐下，从 1999 年到 2000 年，吴樾华开始涉足房地产业。当时上海的房市非常热，很多楼盘都出现了排队买房的盛况，而且有时即使排队也不一定能买到房子。吴樾华通过朋友不仅买到了房子，而且还是打折的。

有些人急于融入某个群体中，也不管这个群体里的人是做什么工作的、大家有什么样的爱好，只要进去了，就很兴奋，但之后或许会发现这个群体不一定适合自己，对个人今后的目标没有多大的好处。因此，我们要根据自身的情况学会鉴别自己能够融入的群体。

首先，要了解自己的背景和能力。群体会带给我们一些共享的资源，同样我们要给这个群体带来一些资源，这时候我们的背景跟我们的这种能力，各种综合的情况，能不能给群体带来一些益处，也变得重要了。我们如果不够格，或者说没有资质，不满足要求的时候，可能会逐渐脱离这个群体。我们也有可能被并到另外一个群体里去，这也是由不得我们自己的事情。

其次，应该有一个自己发展的大致的方向，找到在这个方向上比较一致的、比较接近的一些圈子，或者说这种人脉关系，着重去发展。

再次，现代社会的群体五花八门，可以说是种类繁多，虽然群体的数量突飞猛进，但群体的质量严重下降。过去的群体崇尚"谈笑有鸿儒，往来无白丁"，但现在越来越多的功利色彩充斥其间，群体的功能就是提供获取利益的机会外加娱乐消遣。

最后，一个群体的利益取向决定于群体里的人和他所处的职位。所谓"量体裁衣"就是这个道理，比如有的 HR（从事人力资源工作的人）在公司任总监职位，那么他对群体的取向和给予会与一般 HR 经理不同，他所谈论和要求的会是高管一级关心的事情，而一般经理人更倾向于个人职业发展。

我们无论是选择还是建立适合自己的群体，都要遵循以下两个原则：

（1）邻近原则，指上班族的社交网络中多是跟自己待在一起时间最长的人，用共同活动原则来建立社会关系网络。强大的社会关系网络不是通过非常随意的交往建立起来的，我们必须借助一些有着较大利害关系的活动，才能把自己和其他不同类型的人联系起来。事实上，任何人都可以参加多种多样的共同活动并从中受益，包括运动队、社区服务团体、跨部门行动、志愿者协会、企业董事会、跨职能团队和慈善基金会等。

（2）类我原则。所谓类我原则，指的是在结交关系时倾向于选择那些在经历、教育背景、世界观等方面都跟自己比较相似的人。因为"类我"可以更加容易信任那些以同样的方式来看待世界的人，我们感觉到他们在形势不明朗的情况下会采取和我们一样的行动。更重要的是，和那些背景相似的人共事，通常工作效率会很高，因为双方对许多概念的理解都比较一致，这使得我们能更快地交换信息，而且不太会质疑对方的想法。

21世纪的今天，不管是保险、传媒，还是金融、科技、证券，几乎所有领域，人脉竞争力都起着日益重要的作用。专业知识固然重要，但人脉更加重要。从某种意义上说，人际关系是一个人通往财富、荣誉、成功之路的门票，只有拥有了这张门票，我们的专业知识才能发挥作用。否则，我们很可能是英雄也无用武之地！为了实现成功梦想，我们需要建立自己的人脉，融入圈子。

三人成虎的成因

俗话说"无风不起浪"，我们很多人都坚信一个道理：当有人开始散布一些荒诞的事情，事情被传播开，渐渐地，这句话就成了真理。经过一番以讹传讹，最终一发不可收拾。甚至有人连最基本的常识都搞不清楚，也不去做任何的调查，直接开始恐慌，于是本来就是无中生有的事情，变得跟真的一样，最终连捏造了这些事情的人都被自己的谎言说服了。

促使三人成虎的发生是人们的从众心理，即人们改变自己的观念或行为，使之与群体的标准相一致的一种倾向性。

也许有人会质疑，我是个意志坚强的人，不会随便改变自己的观念。但是，当大家众口一词地反对你时，你还能坚持自己的意见？

社会心理学家所罗门·阿希做过一个比较线条长短的实验。在实验中，有1个真的来做实验的大学生，还有6个研究者参与实验（大学生并不知道这些人是研究者），大学生总是最后一个发表意见。

当线条呈现出来后，大家都作出了一致的反应。之后呈现第二组线条，6个研究者给出了完全错误的答案（即故意把长的线条说成是短的）。这时，最后一个发言的大学生就十分迷惑，并且怀疑自己的眼睛或其他地方出了问题，虽然他的视力良好。他还是说出了明知是错误的答案。

实验现场形成了与大学生明显对立的意见，基于群体压力的影响，他说出了明知是错误的答案。人们作出从众的事情，一是为了做正确的事情，二是为了被喜欢、肯定。人类是群体性动物，正常情况下，我们都趋向融入群体，避免标新立异，很多时候，为了不被群体排斥，会作出非理性的行为。

在什么条件下人们会从众？

一是当群体的人数在一定范围内增多时，人越多人们越容易作出从众行为。"三人成虎"说的就是这种情况。不过当群体的人数超过4人时，从众行为就不会显著增加了。

二是群体一致性。当群体中的人们意见一致时，人们的从众行为最多。即使是有一个人的意见不一致时，也不会影响从众行为的发生。

三是群体成员的权威性。如果所在的群体里都是著名的教授，那么即使他们说出了明显错误的事情，自己也会好好思考一下；如果所在的群体里是普通人，当他们说出明显是错误的事情时，自己肯定会立刻反驳。

四是个人的自我卷入水平。没有预先表达表示自我卷入水平最低；事先在纸上写下自己的想法，之后再表达表示自我卷入水平中等；公开表达自己的想法表示自我卷入水平高。实验证明，个人的自我卷入水平越高，越拒绝从众。

简单说来，从众即是对少数服从多数的最好解释。

面对各种谣言、传闻，总会一定程度影响我们正常的思考和决策，我们又该如何规避这些因素呢？

要因时、因地、因人而异，先做好分析，回到事情的"原点"去思考，千万不能冲动行事。

要学会独立思考。在谣言中站稳脚跟，坚定自己的信念和决心，就需要有独立思考的能力，有自己的主见。因此，你应该对流言进行一番分析，看看其中是不是还有一点合理的东西。但是，如果完全被谣言所左右，就会把自己搞得晕头转向。

我们要对自己有信心，当前发生什么事情，以我们的能力可以作出判断的，就不要从众；如果超出自己的知识、能力范围，就要请教专业人士，不要人云亦云。这也要求我们平时对知识的积累、社会的关注。

谎言本身并不可怕，但愚昧地传播谎言，甚至还深信不疑以至于让事件产生严重的后果，整件事就会变成一场闹剧。

为何有如此多的善变者

有没有发现身边有着这么一类人，他们大都喜欢新鲜，追求新事物，崇尚改变。无论是最新上市的手机、衣物，还是新上映的电影、电视剧等。反正只要是他们所喜欢的东西，他们都想第一时间拥有。他们的思维也不停地处于变化、跳跃中，让人捉摸不透。

　　回忆一下你身边的这类人，当有一款心爱的新手机上市时，他们是不是会幻想着要是哪天自己的手机不小心丢了，这样就可以名正言顺地拥有新手机了。就算他们的手机没丢，他们也可以找个借口，比如说，会告诉你，今天失恋了心情不好，需要换个心情才可以忘记那个人。又比如，会这么说，今天老板给我升职了，我要好好犒劳一下自己。在这样顺理成章的逻辑下，手机终于换了。

　　想一想有没有碰到过这么一些时常改变着自己想法的男男女女，让自己的计划不断地处于变动之中，使自己十分被动？

　　有一家公司准备在总部举办运动会，分公司的老板积极响应。这个老板是出了名的"善变"。他要求助理全力负责该分公司的运动员选拔、操练及相应会务工作。助理丝毫不敢怠慢，项目确定，人员报名、选拔，服装定做等，一切都好像有条不紊地进行着，到最后一项集体项目广播体操时，这个老板的"善变"终于被彻底激发了。

　　刚开始，老板要求选拔有服役经历的公司保安做教官。没过两天，他看到职业军人升国旗很帅气，又想把保安换成职业军人。换了教官后，老板异常兴奋，说要自己亲自带领他们训练广播体操。没想到，第三天他又改变主意了，说还是由学校的老师来训练比较专业。风平浪静了一段时间，等到排练进入尾声时，老板又根据自己在电脑上看到的运动会的相关情况，从队形、男女比例、口号等进行了"七十二变"。助理本想着终于结束了，哪知在比赛前的一天晚上，老板下达了一项最新任务：升国旗的几个帅哥之所以帅，是因为他们戴了白手套。结果一大群职工在8月的盛夏晚上满大街地找白手套。手套终于买到了，老板又赶紧通知大家第二天一早6点到体育场进行赛前排练。第二天一早，排练完毕，老板最后赶来发布了赛前的最后一道指令：所有队员在比赛前一律把白手套放在口袋中，直到列队进场前最后一秒钟才能戴上，这样才有新鲜感，大家不得有误。

这个老板是典型的"善变"者，制订了计划之后，一见到新的东西，受到冲击，便不停地改变自己的决定。助理按照之前吩咐所做的努力都有可能成为无用功。为什么这类人会如此善变呢？为何他们如此容易受到外界的影响而改变自己的想法呢？善变的首要根源是其本身喜欢变化，其思想容易受到影响。

按照"善变"者的思维逻辑，他们做事根本就不需要什么计划，也不喜欢被什么事情约束，抱着"西瓜皮滑到哪里就是哪里"的想法，随性地生活着。

这些人在成长的过程中养成这种"善变"的性格，或许是环境对其思考模式和处事风格产生影响。而日常的生活方式和交往方式也在不断地影响着个人性格的塑造。俗话说"性格决定成败"，意在说明"性格决定思考，思考决定成败"。性格上的善变会使人们的思维跳跃性太强而影响到人们正常的思考过程，也使得别人难以跟上这种人思想的变化脚步。这也是为什么这种类型的人无论在职场上还是生活中，总是让人又爱又恨。

但是，"善变"这种习惯一旦形成就很难改变。"善变"的人几乎每天的生活都处在变动之中。在这种"善变"情绪的左右下，思考会随着情绪的变化而变。当情绪非常低下或高昂时，思考总是表现出某种极端；当情绪保持稳定的状态时，思考就会变得非常的冷静和理智。情绪能够表达我们当前的思考状态，所以我们应该使我们的情绪保持稳定，这样才保持理性，才能保持自己决定的连贯性和持续性。

认识到情绪对思考的影响，就能够控制由于情绪所导致的思考冲动，也能通过控制情绪控制多变的思维，从而有效地控制多变的性格。

多数人会迷信权威

对于我们大多数人来说，服从权威与领导，似乎是一件简单又自然的事情。但是，很少会有人考虑权威话中真正的"权威性"。

米尔格拉姆做了这样一个实验：他声称实验是研究惩罚对学生学习的影响。实验时，两人一组，一人当学生，一人当教师。实际上，每组中只有"教师"是真被试，"学生"则都是被安排混入实验的助手。

实验的过程是，只要"学生"出错，"教师"就要给予电击的惩罚，同时，电击按钮也被安排有"弱电击""中等强度""强电击""特强电击""剧烈电击""极剧烈击""危险电击"，最后两个用××标记。

事实上这些电击也是假的，但为了使"教师"深信不疑，就先让其接受一次强度为45伏特的真电击，作为处罚学生的体验。虽然实验者说这种电击是很轻微的，但已使"教师"感到难以忍受。

在实验过程中，"学生"故意多次出错，"教师"在指出他的错误后，随即给予电击，"学生"发出阵阵呻吟。随着电压值的升高，"学生"叫喊怒骂，尔后哀求讨饶，踢打墙壁，当电击为315伏时，"学生"发出极度痛苦的悲鸣，已经不能回答问题；330伏之后，学生就没有任何反应了，似乎已经昏厥过去了。

此时，"教师"不忍心再继续下去，问实验者怎么办。实验者严厉地督促"教师"继续进行实验，并说一切后果由实验者承担。在这种情况下，有多少人会服从实验者的命令，把电压升至450伏呢？

实验结果却令人震惊，在这种情况下，有26名被试者
（占总人数的65％）服从了实验者的命令，坚持到实验最后，
但表现出不同程度的紧张和焦虑。另外14人（占总人数的
35％）作了种种反抗，拒绝执行命令。米尔格拉姆的实验虽然
设计巧妙并富有创意，但也引发了不少争议。

抛开实验本身是否道德这个问题不谈，单是实验结果就足
以发人深省。米尔格拉姆在实验结束之后，告诉了被试者真
相，以消除他们内心的焦虑和不安。继米尔格拉姆之后，其他
许多国家的研究者也证明了这种服从行为的普遍性。在澳大利
亚服从比例是68％，约旦为63％，德国则高达85％。

人们往往低估了权威者对人的影响。那么，人究竟在什么
情况下会服从，什么情况下会拒绝服从呢？哪些因素会对服从
行为产生影响呢？米尔格拉姆通过改变一些实验条件做了一系
列类似的实验，发现下列因素与服从有关：

1. 服从者的人格特征

米尔格拉姆对参加实验的被试者进行人格测验，发现服从
的被试者具有明显的权威主义人格特征。有这种权威人格特征
或倾向的人，往往十分重视社会规范和社会价值，主张对于违
反社会规范的行为进行严厉惩罚；他们往往追求权力和使用强
硬手段，毫不怀疑地接受权威人物的命令，表现出个人迷信和
盲目崇拜；同时他们会压抑个人内在的情绪体验，不敢流露出
真实的情绪感受。

2. 服从者的道德水平

在涉及道德、政治等问题时，人们是否服从权威，并不单
独取决于权威人物，而与他的世界观、价值观密切相关。米尔
格拉姆采用科尔伯格的道德判断问卷测验了被试者，发现处于
道德发展水平的第五、第六阶段上的被试者，有75％的人拒
绝服从；处于道德发展第三和第四阶段的被试者，只有
12.5％的人拒绝服从。可见，道德发展水平直接与人们的服从

行为有关。

3. 命令者的权威

命令者的权威越大，越容易导致服从。职位较高、权力较大、知识丰富、年龄较大、能力突出等，都是构成权威影响的因素。

此外，情境压力对服从也有一定的影响。在米尔格拉姆的实验中，如果主试在场，并且离被试越近，服从的比例就越高。而受害者离被试越近，服从率就越低。所以，就有学者担心，如果有一天战争发展到只需要在室内按按电钮的时候那么人们就有可能更容易听从权威的命令，那样后果将是可怕的。

那么，我们应该如何破除权威效应的"迷信"呢？

这就要求我们看问题时，不要被问题吓倒，更不要惧怕、迷信权威。我们应该学会独立思考，以自信心作为突围那些权威名义下的种种"圈套"的利器。我们不要在接触到难题的时候就为自己设置无谓的障碍，不要在还没有尝试解决问题的时候就对自己的能力有所质疑。

同时，我们更要学会创新，用发散性思维、逆向思维来进行思考，当一条路走不通的时候，我们不要再试图以常规的方式来处理问题，更不要以权威的方案为唯一解决手段。

所以，在现实生活中，无论是做人还是做事，我们都要擦亮双眼，理智思考，不要让权威成为遮盖事实真相的心理面纱。

人多却不一定力量大

中国有句老话叫作"人多力量大"。但是现实生活中，有时并非如此。有时多人一起干活，效率反而更低，效果反而更差。为什么人多却不一定力量大呢？看完下面的实验你或许能有所启发。

德国科学家瑞格尔曼的拉绳实验：参与测试者被分成四组，每组人数分别为一人、二人、三人和八人。瑞格尔曼要求各组用尽全力拉绳，同时用灵敏的测力器分别测量拉力。测量的结果有些出乎人们的意料：二人组的拉力只为单独拉绳时二人拉力总和的95％；三人组的拉力只是单独拉绳时三人拉力总和的85％；而八人组的拉力则降到单独拉绳时八人拉力总和的49％。

现代社会把人们组织起来，就是要发挥团队的整体威力，使团队的力量大于各部分之和。而拉绳实验却告诉我们：1+1<2，即团队的力量小于各个部分的总和。这一结果向团队的组织者发出了挑战。

在一个团队中，只有每个成员都最大限度地发挥自己的潜力，并在共同目标的基础上协调一致，才能发挥团队的整体威力，产生整体大于各部分之和的协同效应。那么，到底是什么因素影响了团队的整体绩效呢？

在一个团队中，影响成员发挥其能力、潜力的因素非常多。一个团队要组织建设好，需要每一个成员、每一个环节都做得好，从而保证团队的力量；相反，如果团队建设中的任何一件小事、任何一个细节做不到位，都会影响团队成员的积极性，进而影响团队整体的战斗力。在影响团队绩效的诸多因素中，应该注意从以下三个方面来把握。

第一，绩效评估方法。绩效评价看重的是整个团队的绩效，这是不言而喻的。但是，团队绩效毕竟是每个成员协同努力的结果，必须重视团队成员个人的作用。所以，一个团队需要一套公平、透明的绩效评估体系，对成员的努力绩效作出评价。假如评估体系不够透明，或者不够科学的话，就会影响到团队成员的积极性，进而影响整个团队的绩效。因为不对团队成员的个人努力作出评估的话，团队中就会有人滥竽充数，不会为团队建设作出贡献，甚至会影响其他团队成员的积极性。

　　第二，人际关系。北大社会学的前辈费孝通先生，在谈到人际关系的时候，对我国的人际关系作了一个比较形象的比喻。他说：中国的人际关系就像一块石子扔到水里一样，溅起好多好多的波纹，一圈一圈的波纹向外扩散，由近及远，互相交错，利益关系复杂。比如，一个有着三个人的小单位，构成了一种简单的三种人际关系；如果增加一个人，就变成六种关系了。加入的人越多，那么形成的关系也就越复杂。因为每一个人都像投入水中的石块一样，以自己为中心，形成了一圈一圈的波纹似的由亲而疏的关系网，在相互交错中，形成了错综复杂的关系。复杂的人际关系，对团队绩效产生了很多负面的影响，因为人们把太多精力耗费在人际关系方面。而人的精力是有限的，你这方面花费得多，用在工作上的就少了，就必然会影响团队整体绩效。所以，团队一定要创造一种和谐的人际关系氛围，使团队成员可以在简单的人际关系中，轻松而又全力以赴地进行工作。

　　第三，公平因素。团队当中的每一个成员都有公平的要求。公平可分为程序上的公平和结果上的公平。一般说来，程序上的公平比结果上的公平更能对团队成员产生影响。比如，在百米赛跑中，在公平的比赛机制下，人们只会向自己而不会向第三人抱怨没有跑第一，但如果参赛者没有站在同一起跑线上，那么人们就会对结果是否公平提出异议，进而影响情绪，影响其积极性。程序上的公平是要给人以平等的机会，而结果的公平是要给人以平等的结果。

　　在满足程序公平的前提下，不同的结果则表明了个人的能力以及努力程度；如果程序上不公平，那么就会导致秩序混乱。所以，相对而言，程序上的公平比结果上的公平更重要。

　　以上这些问题解决得好，组织内的成员就会协调一致地行动，这样就有可能产生整体大于部分之和的协同效应。所以，人多不一定力量大，但必须具有团队精神，才能发挥整体大于部分之和的协同效应。

团队精神可以使一个人成大事，可以使一个企业于激烈竞争中处于不败之地，可以使一个民族强大。

为什么会有"鸟笼效应"

鸟笼效应是一个有意的著名心理现象，它起源于近代杰出的心理学家詹姆斯。

1907 年，詹姆斯从哈佛大学退休，同时退休的还有他的好友物理学家卡尔森。一天，他们两个人打赌。詹姆斯说："我有个办法，一定会让你不久就养上一只鸟的。"对于詹姆斯的话，卡尔森根本就不相信，他说："我不会养鸟的，因为我从来就没有想过要养一只鸟。"

没过几天，卡尔森过生日，詹姆斯送上了一份礼物，那是一只精致漂亮的鸟笼。卡尔森笑着说："即使你给我鸟笼，我还是不会养鸟，我只当它是一件漂亮的工艺品。你和我打赌，你会输的。"

可是，从此以后，卡尔森家里只要来客人，看见书桌旁那只空荡荡的鸟笼，大部分的客人就会问卡尔森："你养的鸟去哪里了，是飞走了吗？"卡尔森只好一次次地向客人解释："不是这样的，我从来就没有养过鸟。鸟笼是朋友送的。"然而，每当卡尔森这样回答的时候，就会换来客人困惑而有些不信任的目光。无奈之下，卡尔森只好买了一只鸟。

詹姆斯的"鸟笼效应"成功了。即使卡尔森长期对着一个空置着的鸟笼丝毫不感到别扭，但每次来访的客人都询问空鸟笼是怎么回事的时候，或者将怪异的眼神投向鸟笼时，他就渐渐地懒于去解释，丢掉鸟笼或者购买一只鸟回来相对而言是一件更方便的事。丢掉鸟笼是不可能的，因为那是詹姆斯送的生日礼物，那就不如买一只鸟，省了之后解释麻烦。

从卡尔森主动去买来一只鸟与笼子相配的行为分析，不难看出他是迫于众人询问的压力或者迫于自身心理压力而不得不改变了初衷。这是一种巧妙运用压力促使人服从的方法。自身的想法如何？该怎么去做？该满足谁的需要？卡尔森在某种程度上被詹姆斯的"鸟笼"给操控了，使得自身的自我意识消失，陷入了被别人操纵的结果。事实证明，如果你陷入被操纵关系的时间越长，你就越看不清真正的自我。同样，别人也无法真正地了解到你真实的想法。被操纵者最后会追随着操纵者的需求而不断地改变自己的立场，不自觉地遵循操纵者的指示。

如果你不知道自己究竟是谁，不知道除了为别人服务之外自己究竟该处于什么样的立场上，除了听从别人的指示之外自己不知道该怎么表达自己的想法，那么，你正是"自我消失"人群中的一员，在人与人之间的相处上似乎感觉到自己在一点点地"消失"。有些感受不到自我存在的人这样描绘他们对"自我消失"的体会：生活以他人为中心，缺少个性，因而无法被人深刻记住。他们就像空气一般，漂浮在人们的周围，却几乎忽视了自己的存在。最令人感到可怕的是，在睡梦里或在清醒的时候，你可能还会突然地感觉到自己似乎正在不断缩小，似乎就要与这个世界离别。

在感到"自我消失"后，你就会感到一种无法言喻的失落感，也会感到与他人之间的距离拉大了。你非但不能清楚地向他人展示自己，也无法根据自己的处世原则适时拒绝别人、表明自己的态度和立场。此时，别人便会根据他们的理解及意愿来划定你是哪类人。确切地说，他们会将自己的意愿强加在你的身上。

产生这种"自我消失"的感觉可以追溯到一个人童年时期的经历。童年时期的某些经历会在一定程度上造成这种自我意识和感知模糊，像童年时期遭遇的一些影响了自我意识的健康发展的事情。这样的事情可能归咎于父母不正确的教导，或在他们童年时期其他一些比较重要的人的影响。在这样的环境下，小孩子不断地被教育，并最终学会：自己的意见是无关紧要的，自己不聪明、不能干，以及大家希望他遵从有权有势者和权威的意愿。

心理学家在分析人格问题上有一个经典的测试，即罗夏墨迹测试。在这个测试里，将给出一系列卡片，每张卡片上都有一个墨迹。这个墨迹没有规则的形状，测试者被要求从每张卡片的墨迹上"看出"一张画。这一测试的理论基础是：测试者会将无任何确定意义的墨迹想象成他所被要求看到的图形。

如果你在生活中不能表现出一种确定的人格，那么，别人就会根据他们自己的需要和想法把你想象成另外一个样子。这就是"罗夏现象"。

自我意识不明确的人或丧失了自我意识的人往往容易在受到压力时便无法坚持自己的原则，甚至有时容易被他人操纵。因此，作为一个有独立思想的个体，应该尽量避免"鸟笼效应"对自己的影响。

有人会"一呼百应"

在观看演唱会时，当看到舞台上某个演员演唱出自己熟悉的音乐时，我们往往会不自觉地跟着哼唱，以至于越来越多的人跟随着大声唱出来，把整个现场推向高潮。人们为什么会出现这种不自觉的行为呢？因为当人把自己埋没于团体之中时，个人意识会变得淡薄。心理学将这种现象称为"去个性化"。它是指个人在群体压力或群体意识影响下，会导致自我导向功能的削弱或责任感的丧失，产生一些个人单独活动时不会出现的行为。

这个概念最早是由法国社会学家 G. 勒邦提出的，意指在某些情况下个体丧失其个体性而融合于群体当中，此时人们丧失其自控力，以非典型的、反规范的方式行动。人们在群体中通常会表现出个体单独时不会表现出来的行为。例如，处在团伙中的个体有时会跟团伙表现出一些暴力行为，而这种行为在他单独时不会表现出来。

当人把自己埋没于团体之中时，个人意识会变得非常淡薄。个人意识变淡薄之后，就不会注意到周围有人在看着自己，觉得"在这里我们可以做自己喜欢做的事情"。于是，本来性格内向、羞于在人前讲话的人，看演唱会时也会跟着大声唱歌，看体育比赛时也会高声为运动员呐喊助威。

但如果我们把握不当这种状态，就会存在一定的危险性。当人的自我意识过于淡薄时，就会开始感觉什么事都不是自己做的。比如狂热的足球迷，如果自我意识过于淡薄，就可能发展成危害社会的"足球流氓"。当然，"没个性化"并不会在所有情况下都能导致人丧失社会性。在保持着社会性的团体中，"没个性化"也很难使人做出反社会的行为。

心理学家金巴尔德曾以女大学生为对象进行了一项恐怖的实验。他让参加实验的女大学生对犯错的人进行惩罚。这些女大学生被分为两组，一组人胸前挂着自己的名字，而另一组人则被蒙住头，别人看不到她们的脸。由工作人员扮成犯错的人后，心理学家请参加实验的女大学生发出指示，让她们对犯错的人进行惩罚，惩罚的方法是电击。

实验结果表明，蒙着头的那一组人，电击犯错者的时间更长。由此可见，有时"没个性化"会让人变得更冷酷。

金巴尔德认为，没个性化产生的环境具备两个条件：匿名性和责任模糊。匿名性即个体意识到自己的所作所为是匿名的，没有人认识自己，所以个体就会毫无顾忌地违反社会规范与道德习俗，甚至法律，做出一些平时自己一个人绝不会做出的行为。责任模糊是指当一个人成为某个集体的成员时，他就会发现，对于集体行动的责任是模糊的或分散的。参加者人人有份，任何一个个体都不必为集体行为而承担罪责，由于感到压力减少，觉得没有受惩罚的可能，没有内疚感，从而使行为更加粗野、放肆。如集体起哄、相互打闹追逐、成群结伙地故意破坏公物、打架斗殴等，都属于去个性化现象。

心理学家指出，在群体中的个人觉得他对于行为是不负责任的，因为他隐匿在群体中，而不易作为特定的个体而被辨认出来。这样，有的成员甚至觉得他们的行动是被允许的或在道德上是正确的，因为集体作为一个统一体参加了这一行动。

"去个性化心理"是群体中成员普遍具有的一种心理，既可能导致消极行为，也能够产生积极效应，为我所用。因此，我们要加强自我监督的管理和个人素质的提高。

设法改变他人的决定

在决策过程中，一些影响我们思想和行为的因素常常被我们忽视，因为它们十分隐蔽。有时候，可能只是简单的一个笑话、简短的一段音乐或者报纸上的新闻标题。事实上，要改变一个人的思维模式、感觉和行为方式并不需要大费周折，只需动一下小脑筋。

在一项研究中，法国餐厅的服务生被要求在给客人呈上账单的同时附上一张卡片。卡片的内容一半是当地一家夜总会的广告，另一半则是一则小笑话。

那些看到笑话的顾客都给逗乐了，更重要的是，他们在给付小费时也变得慷慨多了。

也许我们会认为小费的多少取决于餐厅所提供的食物、饮料和服务的质量，但在对全球范围内的酒吧和餐厅内进行的研究显示，真正能够决定小费多少的是一些隐性因素。心情好坏在其中起着重要的作用，如果用餐者的心情非常愉悦，通常给的小费也比较可观。

　　研究人员已经反复衡量过心情和小费之间的关系。当外面阳光明媚时，或者当服务生告诉他们外面阳光明媚时，人们都会给较多的小费。如果服务生在账单底部画上一个笑脸或者写上一句"谢谢您"，或者面对顾客时露出明显的笑容，他们都会得到更多的小费。其他一些研究还发现，如果服务生以名字而非姓氏介绍自己或者称呼客人，小费的数额也会大幅攀升。

　　此外，触摸的力量也不容忽视。在一篇名为《点金术：轻微触摸对餐厅小费的影响》的文章中，艾普瑞尔·克拉斯克解释说，她对两名女服务员进行了培训，教她们在给客人呈上账单的时候触摸客人的手掌或肩膀1.5秒钟。结果显示，与没有任何身体接触的情况相比，这两种短暂的触摸都会让客人多付一些小费。相对而言，轻触手掌的效果要比轻拍肩膀更好一些。

　　20世纪90年代，得克萨斯科技大学的研究人员查尔斯·阿雷尼和大卫·基姆在市区的一家酒品专卖店有计划地改变所播放的音乐。半数的顾客听到的是古典音乐，比如莫扎特、门德尔松和肖邦的曲子；还有半数的顾客听到的是流行音乐。研究人员把自己乔装成了清点存货的店内助理，借此观察顾客的各种行为，比如他们从酒架上拿下了多少瓶酒、是否阅读酒品的标签，更重要的是，他们最终买了多少瓶酒。

　　观察的结果令人印象深刻。播放的音乐类型并不会影响人们在酒窖里停留的时间，也不会影响人们从酒架上所取下酒品的数量，甚至不会影响人们购买酒品的数量，但的确会影响顾客对酒品的价格的选择。当播放古典音乐时，人们所选酒品的价格平均要比播放流行音乐时高出三倍。研究人员相信，听到古典音乐会让人们下意识地感觉自己变得高尚起来，从而促使他们去选购更为昂贵的酒品。

这些研究无不证明一个道理:我们的决策总会受外部各种因素的影响。它们在我们尚未察觉时,改变着我们的思维习惯和行为方式。

"吊桥效应"引发心动错觉

我们往往用心动来判定一份感情的开始。但是,我们是否曾经想过,这份心动里到底几分真、几分假?有人做过这样一个实验,研究者让女助手分别在两座桥的桥头等待他人,一座是安全木桥,一座是颇具危险度的吊桥。她被要求去接近18~35 岁的男士,时间则被限定在他们走过桥头的时候,她要同那些男士交谈,并请每位填写一张简短的调查表,同时对他们声称之后会告诉他们这项研究的相关事宜,并把自己的名字和号码写在小纸片上交给对方。

实验显示,几天后,走安全木桥的 16 位男士中只有两个给女助理打了电话,而走过吊桥的 18 位男士中几乎有一半主动与她联系了。当然,这些主动者不太可能是一夜之间就对心理研究产生了兴趣,更合理的解释则是——这位女助理的魅力。但是,为什么安全木桥和吊桥之间又产生了如此大的差距呢?为什么吊桥上的男士明显比安全木桥的男士对她更感兴趣呢?

研究的答案就是:两座桥的摇晃程度不同。

因为当人们经过吊桥的时候,会因为不稳定感和不安全感产生一些生理反应,比如,下意识屏住呼吸、心跳加快、冒出冷汗、异常紧张等,而这些都是肾上腺素上升的反应,大部分男士就将这种反应和紧张感转化为一种浪漫情怀。同时,研究还表明,行走路径的选择也分类出了这些男士的性格特征,选择吊桥的人比选择安全木桥的人更具有冒险精神和主动意识,他们都是相对更勇敢的人。所以,心理学上将这种把生理上的紧张感转化为浪漫感的状态,称为"吊桥效应"。

　　正如这种心理现象所表达的，我们在与人交往的过程，往往会不由自主地受到许多外界环境的影响或干扰，但是，这种微妙的信息发送和接收，可能是我们本身很难察觉的。所以，很多时候，我们所说的心动到底是因为什么因素，或许我们自己都很难说清。但是，我们很难否认，自己会下意识地仅凭一种生理反应就判定对交往对象的好感度。

　　所以，对于爱情来说，心动的开始，或许有很多复杂的成分在其中，而我们的感情或许也没有自己想象中的那么单纯和理智。

　　爱情本身并不简单，它就好比一锅大杂烩，是百种滋味的纠结和融合。而想要让这锅大杂烩更美味，各种材料都入味三分，我们最好多一份心理准备和技巧。

　　所以，无论是在恋爱或是婚姻中，想要得到真挚的爱情，恋人之间要相互观察、了解乃至考核，这都是有必要的。只有经过多方面的观察、了解、考核，才能从里到外认识对方的本质，并由此作出判断：能否与他共度一生。无论在选择恋爱的时候还是在恋爱之中，我们的智商都不能降为零。不要不爱，也不要太爱，更不要因爱淹没了自己的人格和想法，要明白"过犹不及"的道理，要时刻谨记人的心里是需要一把"适度原则"的铁锁。无论有多么的狂热，一定的理性还是需要的。把这种理性化为一种力量和智慧，不要让自己轻易变成别人手中的玩物和傀儡，也不要抱着一种非君不可的牺牲精神去飞蛾扑火，而是要让自己坚强得如同一座堡垒，不会让爱成为自己的弱点和软肋。

　　同时，在处理人际关系时，我们也可以利用这种吊桥效应来制造好感。偶尔制造一些紧张感，然后再在适当的时间展示自己。

我们为什么轻信流言

生存于一个团体之中，无论你如何做人，也无法让每一个人都满意，更何况当有利益纷争的时候呢？出于种种原因，对我们不利的谣言就来了，有攻击我们能力的，也有诽谤我们的信誉和人格的。生活中的流言很多，常常令我们身陷被动的境地。

孔子的弟子曾参是一个有名的孝子，有一天，他说："我要到齐国去，望母亲在家里多保重身体，我一办完事就回来。"母亲说："我儿出去，各方面要多加小心，不要违反人家齐国的一切规章制度。"

曾参到齐国不久，有个和他同名同姓的齐国人因打架斗殴杀死了人，被官府抓住。曾参的一个同门师弟听到消息就慌忙跑去告诉曾参的母亲说："出事啦，曾参在齐国杀死人了。"曾母听了这个消息，不慌不忙地说："不可能，我儿子是不会干出这种事的。"

那位师弟走后，曾母仍旧安心织布，心里没有半点疑虑。

过了一会儿，又有一位邻居跑来说："曾参闯下大乱子了，他在齐国杀死人被抓起来啦。"曾母心里有点慌了，但故作镇静地说："不要听信谣言，我儿子不会杀人的，你放心吧。"

这个报信儿的人还没走，门外又来了一个人，还没进门就嚷道："曾参杀人了，你老人家快躲一躲吧！"

曾母沉不住气了。她想：三个人都这么说，恐怕城里的人都嚷嚷开这件事啦，要是人家都嚷嚷，那么，曾参一定是真的杀了人。她越想越怕，耳朵里好似已听到街上有人在说："官府来抓杀人犯的母亲啦。"她急忙扔下手中的梭子，离开织布机，在那两个人帮助下从后院逃跑了。

人们常说，谎言说了一千遍就成了真理。的确是这样的，曾参的母亲开始处于对流言的拒绝状态，坚信自己的儿子不会杀人，但是，当三个人都这样说，她就逐渐认同，甚至最后吓得逃跑了，这是因为心理积累暗示发生了作用。

心理学上有一个与心理积累暗示相关的名词，叫"戈培尔效应"。戈培尔是纳粹的铁杆党徒，1933年，希特勒上台后，他被任命为国民教育部长和宣传部长。戈培尔和他的宣传部牢牢掌控着舆论工具，颠倒黑白、混淆是非，给谎言穿上了真理的外衣，愚弄德国人民，贯彻纳粹思想。他还做了一个颇富哲理的总结："重复是一种力量，谎言重复一千次就会成为真理。"这就是"戈培尔效应"。

无论是流言还是谎言，重复得多了就会使人相信，这都是由心理积累暗示导致的。心理积累暗示有移山倒海的功效，可以改变人的信念，具有两面性，关键在于如何运用。

世上没有完全不受暗示影响的人，只是程度的深浅不一。他人对我们造谣的动机各种各样，但无论是出于嫉妒还是别的阴谋，我们在越不顺心的时候就越要保持冷静，绝不能被谣言的制造者打倒。

谣言产生并不是什么可怕的事，冷静思考是我们对待谣言的最好处理办法。对于身陷谣言漩涡中的人来说，最需要的是冷静的头脑，而非沮丧的心情和失望的愤怒。因此，我们要做一个不易受心理暗示影响的较为理智的人，让"流言止于智者"。

第七章　有些人就是能征服别人

好些年来，我曾有过一个"良好"的愿望：我对每个人都好，也希望每个人都对我好。只望有誉，不能有毁。最近我恍然大悟，那是根本不可能的。

——季羡林

（北京大学终身教授，著名教育家）

多说"你"能促进交流

稍微留意一下周围人说话聊天时的习惯，不难发现，那些很喜欢用"我觉得""我认为"一类字眼的人容易给别人一种自大傲慢的印象。反而，在跟人说话时，每个句子前面尽可能地加上"你"字，会立刻抓住听众的心。

临床医学家发现，精神病院的病人说"我"的次数要比正常人多12倍。当病人的状况改善以后，他们说第一人称代词的次数也相应地减少。在心智健全的情况下，使用"我"的次数越少，你在人们的眼里就显得越理性。事实上，善于社交的人相互间谈话时使用"你"的时候总是要比"我"多。

站在别人的立场讲话，在句子中加上"你"可以赢得很多积极的反应，比如可以使对方产生自豪感，节省额外的思考。比如一个男生请女生吃饭，说："咱们学校外边新开了一家饭馆，你肯定喜欢！今天晚上咱们去那里吃点东西吧？"这时女生往往很容易接受男生的邀请。

　　此外，当你想获得人们积极的回应，尤其是你想获得他们的支持的时候，说话的时候一定要做到"你"字当先，这样会使对方感到自豪。

　　如果你想提前下班和女朋友约会，想跟上司请假。你猜用哪种说法他会比较容易同意你提前离开呢，"我能早点下班吗，头儿?"还是:"头儿，我早点走的话你能应付得了吗?"

　　要是你使用第一种说法，上司会进一步把你的话翻译成:"没有这个员工的话，我能应付得了吗?"需要进行额外的思考，做上司的没有不讨厌这种思考的。

　　如果使用第二种说法，你的话就先帮上司提出了这个问题，让上司感觉到一种在没有你的时候也能应付局面的自豪感。"当然了，"他在心里会对自己说，"没有你我一样玩得转。"

　　"你"字当先的技巧在职场以外也有用处。女士们有时候会夸男人的西装好帅，下面哪个说法使你感到更温馨呢，是"我很喜欢你这套西装"还是"你穿这套西装太帅了"? 前者只是表达了个人的看法，容易误认为是个人好感的表达;而后者则扩展到所有人对男人形象的评价，属于普通社交的赞美。因此，善用"你"，对方感觉到被赞美的力度也更大，也能避免不必要的误会。

　　在街上与陌生人谈话时，也要把"你"字放在自己前面。比如问路的时候，如果说"不好意思，我找不到××（地点）"或者"麻烦一下，请问××（地点）怎么走"的话，对方很可能不会搭理。但是如果"你"字当先，采用:"打扰一下，你知道××（地点）怎么走吗?"然后进一步询问:"你们能给我指下具体的方向吗?"这样的表达可以激发陌生人的自豪感，从而提供详尽的指导。

　　成功者更是善于使用这种"你"字当先的策略谋求最大的利益。

假设你在参加一个会议，一个与会者对你提出了一个问题，他肯定喜欢听到你说"这个问题提得很好"，不过，要是你跟他说"你这个问题提得很好"，他肯定会感到更高兴。

销售人员不要对你的顾客说："这个问题很重要……"而要通过这种说法来肯定对方："你说的这个问题很重要……"

说话时要随时注意听者的态度与反应。无聊的人是把拳头往自己嘴里塞的人，而站在对方角度，多说"你"可以避免许多冲突。总之，想要人们夸你说话有水平，想要赢得人们的尊重和爱戴，千万记得随时随地把"你"字挂在嘴上。

学会换位思考

学会换位思考，是人与人之间交往的基础——互相宽容、理解。换位思考是融洽人与人之间关系的最佳润滑剂。人们都有这样一个特点：总是站在自己的角度去思考问题，以自己的价值尺度去衡量他人，结果常常导致不愉快的事情发生。

多数人际冲突的产生，都是由于人们过分强调自己的立场，而不能从对方的角度来看问题。事实上，他的做法与你的看法不同，并不代表他一定是错的，而你一定是正确的。如果你处在他的位置上，在同样的状况下，你的做法可能与他并没有什么不同。假如能换一个角度，站在他人的立场上去思考问题，会得出怎样的结果呢？最终的结果就是多了一些理解和宽容，改善和拉近了人与人之间的关系。

所以，在人际交往的过程中，要达成良好的人际沟通，寻求他人的支持与合作，营造利人利己的双赢局面，就必须学会换位思考——凡事要从对方的立场去想想："如果我是他的话……"

上海有一位陈师傅开出租多年，从来没有被顾客投诉过，也没有与顾客发生过争执。他是如何做到的呢？

陈师傅说，主要是他能够站在顾客的角度来考虑问题。比如，顾客要到的地方不让停车，他会用一句话加一个小动作使顾客满意。他说："小姐，你看好价钱，25元。"然后，陈师傅将计价器抬起清零，接着说："这里不让停车，以下的路程算我送你的。"乘客听到这样的话，看到这样的动作，多数会说："没关系，师傅，你该怎么算还怎么算。"陈师傅听了心里也暖洋洋的。

如此站在顾客的角度周全考虑，怎么会得不到顾客的好感呢？怎么会得不到理解和赞同呢？怎么会遭到指责和投诉呢？

换位思考，不仅能够让我们得到别人的理解和支持，也有助于我们更好地了解别人。

换位思考是与人相处的一个十分重要的技巧，也就是将自己置身于对方的立场，去体验对方的内心感受，了解对方的确切需求，从而在彼此的心灵间架起一座畅通无阻的沟通桥梁。与此同时，当你站在对方立场上的时候，自然也会以对方的目光观察自己，从而对自己多一份了解。

战场上，知己知彼，可以百战百胜；社会交往中，需要换位思考，才能知己知彼，从而达到人际交往的高境界。美国汽车大王亨利·福特说过："如果说成功有秘诀的话，那就是站在对方立场上来考虑问题。"所以不妨经常问一下自己："如果我是他，会怎么样呢？"如果我处在我儿子的地位，我是否为有我这样的父亲而骄傲？如果我处在我下属的地位，我是否为有我这样的上司而庆幸？当你进行这种角色转换的时候，就会惊奇地发现自己还有许多需要改进的地方。

尽量多让对方说"是"

电机推销员哈里去拜访一家公司，准备说服他们再购买几台新式电动机。不料，刚踏进公司的大门，哈里便挨了当头一棒："我们再也不会买你那些破烂玩意儿了！"总工程师斯宾斯恼怒地说。

原来，总工程师斯宾斯昨天到车间检查，用手摸了一下前不久哈里推销的电动机，感到很烫手，便断定电动机质量太差，因而拒绝哈里的推销。

哈里考虑了一下，觉得如果硬碰硬地与对方辩论电动机的质量肯定于事无补，于是采取了另外一种战术。他说："好吧，斯宾斯先生！我完全同意你的观点，假如电动机真的有问题，别说买新的，就是已经买了的也得退货，你说是吗？"

"是的。"

"当然，任何电动机工作时都会有一定程度的发热，只是发热不应超过全国电工协会所规定的标准，你说是吗？"

"是的。"

"按国家技术标准，电动机的温度可比室内温度高出 42℃，是这样的吧？"

"是的。但是你们的电动机温度比这高出许多，喏，昨天差点把我的手都烫伤了！"

"请稍等一下。请问你们车间里的温度是多少？"

"大约 24℃。"

"好极了！车间是 24℃，加上应有的 42℃ 的升温，共计 66℃ 左右。请问，如果你把手放进 66℃ 的水里会不会被烫伤呢？"

"那——是完全可能的。"

"那么，请你以后千万不要去摸电动机了。不过，我们的产品质量你可以完全放心，绝对没有问题。"结果，哈里又做成了一笔买卖。

哈里的成功，除了因为他推销的电动机质量的确不错以外，他还利用了人们心理上的微妙变化。

当一个人在说话时，如果一开始就说出一连串的"是"字来，就会使整个身心趋向肯定的一面。这时全身呈放松状态，容易造成和谐的谈话气氛，也容易放弃自己原来的偏见，转而同意对方的意见。

这就是获得肯定回答的艺术。我们得到他人愈多的"是"，我们就愈能为自己的意见争取主动权。当人说"是的"或心里这么想时，我们就已经接近他了，因为我们非常了解他的需求，还特别尊重他。因此，他也同样会关注我们，并表现出十分温和的态度。

但是，当对方说"不是"或者心里在拒绝之时，事情就不一样了，当我们的问话看似与他一点关系都没有时，就相当于我们并不关心他想要什么，他肯定会生气的。

如果别人以"不是"回复了我们的建议，这就说明他认为已经没有继续谈下去的必要了。他的立场和"自尊心"都源于此。因此，有时，如果我们与他人打交道时得不到对方一个"是"的回应，我们最好想方设法不让对方说出"不是"这个词。

让对方说"是"时，要注意以下两点：

第一，一定要创造出对方说"是"的气氛，要千方百计避免对方说"不"的气氛。因此，提出的问题应精心考虑，不可信口开河。

第二，要使对方回答"是"，提问题的方式是非常重要的。什么样的发问方式比较容易得到肯定的回答呢？最好的方式应是：暗示你所想要得到的答案。当你发问而对方还没有回答之前，自己也要先点头，你一边问一边点头，可诱使对方作出肯定回答。

如果你想与别人合作，争取在一开始就让对方说"是"，然后将这个良好的开端保持下去，你离成功也将不远了。

给人戴"高帽"有技巧

人都有一种天性：喜欢被人称赞，希望他人给自己戴"高帽"。而给人"戴高帽"就是把一个人的优点、专长、名誉、地位等美好的一面，用恰当的话语表达出来，并让对方乐于接受，从而起到鼓励、鞭策、警醒、劝告等作用。当一个人因失意、受挫、暴怒、悲伤而情绪低落的时候，迫切需要有人对其进行劝导和安慰，包括恰到好处地"戴高帽"，帮助其增强信心、走出低谷、恢复常态。"戴高帽"不同于阿谀奉承、讨好卖乖，它必须针对对方的实际，把好话说圆，给人以真诚感，令对方心悦诚服。因此，如果运用得当，对促进人际交往能起到意想不到的效果。但是人毕竟是有不同层次、不同个性的，如果这顶帽子不合适，太大或太小，不仅收不到预期的效果，还会让人感觉不舒服，甚至产生厌恶的心理。

如果有人对一位清洁工人进行这样的赞美："你真是一位成功人士呀！你具备非凡的气质，你是一位非常伟大的人！"对方一定会认为这人是神经病，因为这些话好像跟他没有任何关系。所以在给别人"戴高帽"的时候，一定要掌握好分寸，要"量身定做"。

袁萍是一家汽车经销商的服务经理。在她公司里，有一位员工的工作效率和业绩每况愈下。然而，袁萍并没有对他进行指责，而是把他叫到办公室，跟他进行了坦诚的交谈。

袁萍是这样说的："姜师傅，你是一位很棒的技工，在现在的这条生产线上工作也有好几年啦，你修理的车子顾客都很满意。事实上，有很多人都赞扬你。只是最近，姜师傅，你完成一件工作所需的时间好像变长了，而且质量也比不上你以前的水准。你以前真是一位杰出的技工，我想，你一定也知道，我对现在这种情况不太满意。也许，我们可以一起来想一个办法，改正这个问题。你认为呢？"

姜师傅说："我并不知道我没有尽好自己的职责，非常感谢您，我向您保证，我一定会胜任我接下来的所有工作的，我会想办法加快速度，同时，提高质量。"

那么，姜师傅做了吗？我们可以放一百个心，他非常尽力地去做了。大家想想，袁萍赞扬他曾经是一位优秀的技工，他心里也这么认为，那么，他肯定会在以前优秀的基础上求得更大的进步。

其实，每个人的性格不同，心理不同，所需要赞美的地方也是不同的。会说话的人不会给两个人同样的赞美，而会为对方量身定做一个最合适的"高帽"。买衣服的时候，如果别人说："哎呀，你穿着可真合适，像专门为你量身定做的一样。"听了，我们心里自然是高兴的，也多半会欣然买下来。几个女人一同去美容院消费，如果美容师都给她们戴上同样的"真漂亮，真美"这样的高帽，那这些女人多半是不高兴的。但如果美容师能根据这些女人各自的特点，比如事业成功、气质独特、家庭和睦、涵养很高等方面进行赞美，相信美容师的业绩也会节节高升。每个人在生活中都扮演了多重角色，角色关系不同，说话方式就不同，赞美的方式也就不同。对朋友可以真心诚意地夸奖，对领导要含蓄适度地赞美，否则会认为是拍马屁，对爱人要甜言蜜语地称赞，对长辈要恭恭敬敬地讨好，对小孩可以和蔼地夸奖。

量身定做具有唯一性。赞美的时候，如果你对不同的人都用同样的语言去赞美，那么效果一定好不到哪里去。而为别人量身定做一顶"高帽"，效果自然不用多说。所以赞美别人，不单单是花言巧语、甜言蜜语，更重要的根据对方的文化修养、心理需求、所处背景、性别年龄、个人经历等不同因素，恰如其分地恭维、赞美对方。把"高帽"戴得恰到好处，会使你的劝说立竿见影，会使你的交际锦上添花。

善于制造愉快的谈话氛围

为什么有些人说的话让人听着十分舒服，而有些人说起话来让人感觉如此刺耳呢？其实这就是说话技巧的问题了。掌握好说话技巧，既有利于建立良好的人际关系网，又有利于使你更加靠近成功。一个好的推销员不会直接跟顾客说"签合同"，而是会想办法让顾客"认可上面的内容"。

说话的技巧很重要，要注意以下几点：

公司或领导已经决定的事情就不要再去评价，不要给出自己的想法和建议，无论你认为这些建议和想法对公司有多大的好处都要坚持不说的原则。但是在公司未决定前一定要把自己的想法说出来，这是你的职责，但不要给出超越职权的建议和想法，否则受到伤害的是你自己。

已经发生的事情不要去追究。有些小事情，过分地追究可能会伤害别人，以后就不好与之合作了。

我们要善于制造愉快的谈话气氛，见什么人说什么话。这不是拍马屁而是一种说话的技巧。这方面大部分年轻人是做不到的，因为他们年轻气傲，易冲动。所以，没有经验的年轻人要更加注意这一点，好好训练自己。

无论是在谈生意还是在交际中，幽默永远都需要。幽默是一种亲和力，它会让我们的距离拉得更近，也会让我们的事业更进一步。

刚认识的顾客，礼貌是不可少的。与刚认识的朋友，最成功的做法就是做一个忠实的听众，把说话的权利让给别人。当然了，要因人而异，随机应变，见机行事。

坏事情，先说结果。这样就有了沟通的底线，剩下的时间就可以用来沟通怎样解决问题。

其实，很多时候说话不是要表明什么观点，而是要表明自己的态度，或者试探别人的态度。这样的说话技巧是"放话"。

自信是很重要的，我们要相信自己一定会成功。这是成功的前提。说话也一样，要相信我们每一个人都是优秀的演讲家。

语言能力是一个现代人才必备的素质之一，说话不仅仅是一门学问，还是你赢得事业成功的常变常新的资本。好口才会给你带来好的运气和财气，所以拥有好口才，就等于拥有了辉煌的前程。一个人，不管你多么聪颖、接受过多么高深的教育、穿着多么漂亮的衣服、拥有多么雄厚的资产，如果你无法流畅、恰当地表达自己的思想，你就无法真正实现自己的价值。

有经验的人都知道，针对不同的对象、不同的事情，在不同的时机，说话的方式应不一样。沟通技巧是实践经验的总结，需要一辈子去学习、体验、训练，在任何时候，心中要有主心骨：沟通中，沟是手段，通是目的。

用"权威"征服你的对手

在日常工作、生活中，人们常常会遇到这样一种情景：当你在与别人争论某个问题，分明自己的观点是正确的，但就是无法说服对方，有时甚至还会被对方"驳"得哑口无言。这时，你是否想过，如果在言辞中添加一些权威成分，则很容易就能让别人赞同自己的观点？

可能有个朋友告诉你某种蔬菜或水果营养价值很高、某种蔬菜或水果不宜食用，你会不以为然。而健康栏目播出的节目或者某个专家说，某种蔬菜或者水果含有对人体有利的元素，应该尽量多食用。在听到权威的话之后，人们肯定会马上行动，将这种有益的蔬果端上餐桌，并反复跟家人强调这种蔬果的好处。如果某位专家说，某种食物吃多了会影响身体机能，建议不宜多吃。那么许多人一定会把这类食物请下餐桌，并嘱咐身边的亲戚朋友要远离这种食品。可见，人们对权威者的话语存在着一种莫名的恐惧感。

心理学家认为，人的有些感情不完全真实，而且连自己都意识不到它不是真实的。比如说爱或者恨，当一个人以为爱着另一个人的时候，其实不一定真的爱对方。同理，当一个人认为自己恨一个人的时候，也不见得是真的恨。但是有一种感情绝对是真实的，那就是恐惧。当一个人意识到自己在恐惧的时候，就真的是在恐惧。在日常生活中，一个人开始感到恐惧时，思路就会变得紊乱，情绪就会变得紧张，而且会不自觉地变得冲动，无法作出正确的判断。

生活中经常会有这样的感受：黑夜里，我们看到黑影的时候就会感到恐惧。因为黑影让人们感到陌生，因此它被视为是内心害怕的表现，所以令人感到惧怕。事实便是如此，恐惧是源于人们内心的情绪，它能影响人们正常的思考。所以，在自己的言谈中添加一些权威成分，可以有效地操纵别人增加对你的信任和支持。通过言谈使别人的思想进入你的权威之中，他们就会一点一点地相信你的观点，接受你的意见。而且一旦感觉自己偏离了你的观点，便会觉得恐惧、不安，会调整自己，继续相信你的权威。

适当的时候袒露自己的缺点

你是否觉得如果要使自己拥有一个强大的气场就得使自己成为一个几乎没有缺点的人，至少在别人看来是个完美的人呢？

如果答案是"是"的话，那么去观察你周围那些在你看来几乎没有缺点的人，他们是不是都能易如反掌地影响他人？他们的气场是否足够强大？事实上，不完美的人才容易与他人亲近，从而扩大自己的气场影响力。

露宝是一名42岁有着4个孩子的家庭主妇，曾从事过文秘、档案管理和会计等工作。但这些工作她都做得不长，后来一直在家里操持家务。孩子长大后，她不得不出来工作，挣钱补贴家用。正好有一家公司招聘秘书，她投了简历。在填报工作履历时，她如实填写了如上情况。她的女友说她："你太傻了，这么写没人要你的！"她自己也没有抱多大的希望。但是她认为，做人要诚实，不能骗人。

傻人也有傻福。这家公司刚刚草创，百事待举，恰恰需要一名管家型秘书。董事长认为：只要她能胜任公司的各种杂务而不厌其烦就行。大龄的"缺点"，在董事长眼里竟然是优势。而她以一个成熟女性特有的缜密与周到，把工作做得妥妥贴贴，从而赢得大家的一致认可。

大多数的人总是想尽可能地掩饰自己的缺点，并塑造出"精明能干"的形象，应聘者在应聘中更是如此。然而，形象过于完美的人，往往容易让人产生一种不真实感，有时甚至连自己真正的优势也会被别人怀疑。不介意袒露自己缺点的露宝不仅获得了该公司的秘书职位，还为自己营造了良好的人际环境，最重要的是她的气场、她的魅力征服了公司所有人。

过于完美的人容易让人产生距离感，难以亲近。试想一下，在与一个有距离的人相处时，你能发挥自己的气场吗？你自己的气场真有那么强大吗？事实并非如此。美国密西西比大学约翰·波格博士曾进行一次调查。调查结果显示，情侣不刻意互相掩饰，坦诚相对，这样反倒不容易分手。

如果在人际交往过程中先坦露自己的缺点，往往更容易得到别人的信任。生活中，大多数人总是想方设法地掩饰自己的缺点，宣扬自己的优点。试想一下，如果此时有人故意暴露自己的缺点，是否会让人觉得他很诚实，从而对他产生信任感呢？答案是肯定的。因此，如果你想获得别人的好感，首先就得赢得别人的信任。人们总是倾向于接受自己熟悉的人的意见和建议，如果你能让对方对你持有好感的话，你的气场便在无形中得到了增强，并不时地对外界发放威力，影响着你周边的人。

所以，要想使自己拥有良好的人际关系，最好是在事前向对方告知你的缺点。但值得注意的是，这个缺点是无伤大雅的小缺点，如果这个缺点会让对方将你拉入黑名单，那还是不说为妙。

告诉对方你的缺点的诀窍还在于先让对方有心理准备后，再努力采取补救措施，这样则能为自己加分。

比如说"我做事的速度比较慢，但我会比别人更注重细节""我堵车了，可能会迟点到"，但如果你做得既快又好抑或准时抵达现场，你说别人对你的印象是不是会更好呢？而且在告知缺点的同时也不忘提出自己的优点，不仅能够加深对方对你的正面印象，还能减少人际交往中容易带来的疏远感。

对于那些很轻易就能影响别人的人，人们总是会羡慕他们拥有这么强大的气场，似乎上天总是过分地眷顾他们。事实上，不是上帝特意眷顾他们，而是他们善于为自己营造一个良好的人际氛围，懂得与他人相处，使自己和谐地融于集体中。要知道，一个气场超强的人，是让人感觉不到他的强势的，而是在很平常很自然的氛围中，感染着周围的人。所以，要适当地暴露自己的缺点，营造出一个良好的人际关系之后再用合适的手段，让他人不经意地接受你的意见，征服他人。

改变他人的态度

在工作中，需要让他人认同我们的观点或同意某个方案时，如果对方与我们持不同的意见，我们就需要通过一系列的方式说服他人，以改变他人的态度，从而与我们站在同一立场上。

改变他人的态度完全是可能的。它取决于谁来改变、态度的强度、改变的幅度和你所选择的试图改变态度的技巧和方式等。

通常情况下，要改变他人的态度需要从认知、爱心、唤醒、角色、行为5个方面着手。由于认知、爱心、唤醒、角色、行为的英文单词分别是：dognition、love、arouse、role、behavior，所以又称 DLARB 法则。

1. 认知

认知是改变他人态度的方式和路径。

一般来说，我们都会对所有碰到的事情自动地作出评价，不管这种事情与自己是否有关，甚至是多么的不重要。当人们在有了一个初步的体验，被要求对人物或事物的印象进行描述时，这种描述中就不可避免地包含了好或坏的评价。

心理学的理论告诉我们，一个人的态度是由这个人对该事物所持有的看法决定的。因此，人们的认知特点与态度之间有直接的联系。有时候，哪怕已经脱离了信念和真实的知识，我们也仍然能够形成有关某些事物的态度。

2. 爱心

社会所给予的奖励或惩罚对人们态度的形成与发展有影响作用，所以，爱心可以来调节他人的态度。

如果你是一位赛车推销员，你的客户决定买一辆车，但是不知道究竟是该买赛车还是买家用车，在比较的时候，他认为赛车是更有趣的，但是他又觉得赛车修理时花钱多。

在这个时候，如果你告诉他这个车有更长的保修期，而且超过保修期去指定维修地点也不会花太多的钱。这时一定能促使他决定买赛车。

这个案例就是利用了给对方一定好处的原理使生意做成。

爱心如果运用得当，就能促使对方转变态度。

3. 唤醒

习惯上，天气的因素会加剧人们情绪的改变，就像在夏天炎热的太阳下，那些汽车里没有空调的司机更可能对堵住路口的车大按喇叭一样，炎热的感觉容易唤起人们的不满情绪，使人更暴躁，对一切缺乏宽容。

与之相反的，心理学家经过一些实验证明，唤起人们积极的情绪，就会更容易转变其态度。比如，你每天早晨一想到上班就害怕，原因大概是你与某个同事之间有矛盾，他不喜欢和你一起工作，但工作却不得不做。这时，你只有改变他对你的态度。想改变他对你的态度，你就更要用一种积极的方式与人交谈，真诚地去改善关系，你的真诚与主动示好，同事一旦觉察，自然会影响对你的态度，这是因为良好的情绪会使人产生更富有创造性、更宽容的想法和问题的解决方式。

4. 角色

角色指的是那些处于特定位置的人被期望表现出的行为。当我们去扮演一个角色的时候，刚开始可能觉得很别扭，但很快我们就会适应。这就是态度的转变，自然而然地发生变化。

为了证明角色对态度的影响，心理学家菲利普·津巴多设计了一个模拟的监狱实验：

他用抛硬币的方式，指派一些学生做狱卒，另外一些扮作犯人。前者分给他们制服、警棍、哨子等，后者穿上犯人的衣服，进入牢房。

在经过一天的扮演之后，他们都纷纷进入了角色。狱卒开始贬损犯人，犯人开始崩溃、造反、冷漠。最后，他们越来越分不清真实的身份和扮演的角色，这个监狱已经同化了他们，使他们变成了它的傀儡。

最后，菲利普·津巴多不得不放弃了这个本来计划为期两周的实验。

我们已经看到，通过角色树立改变态度是在无声无息中进行的，却具有强大的力量。

5. 行为

按照我们正常的理解，应该是我们的一切行动都是受态度的指派，事实上是由行为决定态度。

因为态度和行为之间的关系也可以相反的方向起作用：不

仅如我们知道的那样态度影响行为，行为也可能反作用于态度。当我们做事时，我们往往会夸大事情的重要性，特别是当我们为该事负责任时。

如果我们掌握了 DLARB 法则的使用技巧，通过从以上几个方面来具体操作，改变他人对我们态度，你会发现这并不是一件很难的事情。

通过细节提高可信度

如果人们事先并不知道发生了某件事，一个人只是把这件事情的大概过程告诉人们，而另外一个人则把事情的起因、经过、详细结果一一描述给人们听。这时，人们更容易相信对事情详细描述的那个人所说的话。

这其中的原因就在于，详细的细节可以增加可信度。大部分情况下我们的信息得依赖它们本身来保证。当然，内部的可信度经常依赖于我们正在讨论的话题是什么：一个可信的数学公式看起来和一部可信的电影评论之间存在巨大差异。但是，令人惊讶的是我们有一些建立内部可信度的基本原则。

一个人的细节知识通常是他的专业知识的体现。如果历史专业的人去讲一个发生在第二次世界大战期间的一则逸闻趣事，将会促使听故事的人相信这个故事的真实性。因为他的专业让人们觉得在这个领域他是权威人士，并由此迅速地建立他的可信度。

但对于故事的具体的细节，并不会因为讲述人本身是权威人士就变得可信，细节的可信性完全是因为它本身具有的性质。比如通过制造一些清晰具体、带有大量有趣细节的二战期间的逸闻，在任何人讲述的时候都是可信的。因为鲜明的细节使得这些故事变得更真实，更让人相信。

1986 年，密歇根大学的研究员乔纳森·谢德勒和梅尔文·

马尼斯做了一个模拟审讯的实验。志愿者被要求扮演陪审员的角色，并需要阅读一份虚拟的审理记录。陪审员要评估一位母亲——约翰逊太太的健康并决定她能否继续监护她7岁的儿子。

审理记录兼顾正反双方，各有8个理由支持和反对约翰逊太太保留对其子的监护权。所有陪审员都听到一样的理由，唯一不同的是各个理由的细致程度。其中一组实验者得到的支持约翰逊太太的理由都非常详细，但是反对的理由中却没有任何细节。这使得对比苍白无力。

另一组实验者得到的却完全相反。其中一个例子是：一个支持约翰逊太太的理由是"约翰逊太太能够保证她的儿子睡觉前都会刷牙"。详细的理由会加上这样的细节："他用的是看起来像达斯·维达的星球大战牙刷。"

一个反对约翰逊太太的理由是："她的儿子手臂上带着一条严重擦伤的伤痕去上学，而约翰逊太太并没有帮他清理伤口或者根本没有注意到，学校的护士不得不帮他清理。"详细的理由就加上了："那个护士把红药水溅到自己身上，染红了她的护士服。"

"陪审员"很小心地检查这些详细及不详细的理由以确保它们都有同样的重要性——这些细节被设计得跟判断约翰逊太太的价值毫无关系。要紧的是约翰逊太太没有注意到擦伤的手臂，而护士弄脏了衣服跟事情一点关系也没有。

即使这些细节没有关系，但是它们却产生了一定影响。10个"陪审员"中有6个听了支持约翰逊太太的详细理由后，认为约翰逊太太适合继续照顾她的儿子；而听了详细的反对约翰逊太太理由的10个"陪审员"中，认为约翰逊太太适合的只有4个。这些细节造成了很大的影响。

在这个实验中，"陪审员"们是基于看起来没关系的细节作出了不同的判决。可见，细节具有一定说服力，提升了可信度。当"评审员"能在脑海里看到达斯·维达牙刷，就更能勾画出那个孩子在浴室里刷牙的画面，而这突出了约翰逊太太是个好妈妈的形象。

在生活中，当不被人相信时，我们可以通过描述某些具体的细节去为自己解释，从而让他人相信我们的无辜与真诚。

说服要打感情牌

在一起持刀劫持案中，持刀者刘某抢劫不成，情急之下劫持了超市女收银员。但是，最终他还是在谈判专家的说服下，放弃了挟持和自杀。以下就是谈判专家的部分说服过程。

一开始，两位谈判专家就找机会拉近与持刀者的心理距离："兄弟，咱都是东北人，你有啥难处给哥说说。"然后，摆出人质无辜牌，"小刘！让这个女孩子出去！万一要是吓出来什么病，到时候你咋收场?!"

而在刘某自觉人质的确无辜，放弃了对其的挟持后，谈判专家判定刘某产生了自杀倾向，同时，经过事先的了解，得知刘某是爷爷奶奶带大，故与他们有较深的感情，所以他打出长辈这张牌，说："我们的任务，不仅仅是保护人质的安全，还要保护你的安全。要是你发生点意外，我们怎么向你爷爷奶奶交代?!""你这孩子，比我儿子还小一岁，咋这么不听话！快把刀交给吴支队！"

此时，一直退到超市楼梯下的洗手间门口，刘某才止住脚步，但仍未交出水果刀。"来吧，走出这一步。"

谈判专家之一示意刘某交出刀子，同时另外一位谈判专家也趁热打铁："傻孩子，还不赶紧把刀给吴支队！"

我们可以发现，谈判专家在说服的过程中，多次打出的都是"感情牌"，以此缩短心理距离。如，介绍自己是老乡，搬出持刀者较亲近的人，与自己的儿子作对比再次拉近距离，最后那一声"傻孩子"也确实让人感受到其中叹息的感情。估计，这一步步的心理战术，已经走进了持刀者的心坎儿里去了。

心理学认为，当交流双方在沟通中，感受到了对方与自己之间没有心理隔阂或者障碍，那么就表示在某种程度上对交流对象有一定的认可，同时，对其话语中的信任度也就相应升高。那么，说服力度自然也就相应地加大。

所以，我们在进行说服的过程时，不要只一味地"纠正"别人的观点，我们可以先营造一种和谐并充满信任感的氛围，让对方对我们个人先产生一种信任，只要把这种信任感抓在了手中，之后的步骤就相对地好把握了。看来，缩短心理距离，以此获得信任感，是进行有效说服的第一步。

那么，我们在说服他人的过程中，要怎样才能做到缩短彼此的心理距离呢？

1. 寻找共同点，把握循序渐进原则

在说服中多寻求双方的共同点，以此加深共鸣性和感召力。另一方面，还要避免犯交浅言深的毛病。刚开始与对方交谈时，不可要求彼此有深入的沟通，而要逐步深入，否则，这种急功近利的态度或许会让被说服者感觉我们说话没有诚意。要诱导对方的想法和思维，一步一步接近设好的"陷阱"。

2. 多用赞美，让对方放松心理防卫

一定要明白一个道理，说服对方不代表就要反驳对方的一切，有的时候，我们也可以对对方发出一些赞美，强调对方的一些优势，对于这种正面的话语，大多数人都不会从心里排斥。

这种"认可"一旦产生，被说服者对我们之后要说的话就不会产生过于强烈的抵抗意识。所以，为了让赞美更有说服力，赞美时就要诚恳、热情；间接赞美要有分寸，注意赞美一定要自然，恰到好处。

3. 说服交谈时要留有余地，不演"独角戏"

很多人以为说服别人就是一味地表达自己的观点和想法，用言辞上的优势去打动对方，其实，这种方式表现出来的强制

性很大，很容易让对方产生更大的情绪反感。

所以，在与说服对象交谈的时候，不要总是自己一个人侃侃而谈，要多留一些空缺让对方接口，使对方觉得与自己之间有一种无形的互动，让其感觉交谈是和谐的，这样也可以适当缩短距离。

4. 多称呼对方的名字

从心理学上来讲，人们对于自己的名字往往都有一种别样的亲切感，当别人以亲切的口吻称呼自己的名字时，我们会觉得非常温馨，会产生一种特别的亲近效果。而且被称呼的次数越多，越有可能对对方产生好感。由此可见，亲切地称呼对方的名字，也是打开戒备心理之门的有效钥匙。

5. 留心倾听

我们必须记住这一点，说服并不只是一个"说"的过程，它还有一个"听"的成分。因为只有认真地听了，才能搜集更多关于交谈对象的信息，也只有掌握了这些信息，我们才可以运用以上的各种技巧展开说服谈话。

6. 看准时机，适时切入

看准情势，不放过应当说话的机会，适时插入交谈，适时地自我表现，能让对方充分了解自己。这样可以让说服对象知道，我们不是一味在探讨他的"隐私"，这种适当的自我暴露，也会有效地缩短彼此之间的心理距离，让对方适当减小一些心理压力。

第八章　人会经常陷入执着和疯狂

我在教书的过程中深有感触，现在的青年对实际利益看得过重，空想太少，不够浪漫、理想。

——任继愈

（北京大学教授，著名哲学家）

沉迷于低概率事件的背后

无论是心存侥幸还是抱着娱乐的态度，相信很多人都有过买彩票的经历。尽管我们自己很明白，只在梦里才有中 500 万的希望！但是这并不妨碍我们对中奖的美好幻想。因为我们并不是绝对没有中奖的希望。

正是这种"感觉这次能中"的想法，让人们无法抗拒地一次又一次购买彩票，想赌一把运气。可每次开奖却都是事与愿违。那么人们为什么这样沉迷于如此低概率的事件呢？或许下面的实验能给你答案。

斯金纳曾设计了这样一组实验：

在箱内放进一只白鼠，并设一杠杆或键，箱子的构造尽可能排除一切外部刺激。白鼠在箱内可自由活动，当它压杠杆或啄键时，就会有一团食物掉进箱子下方的盘中，白鼠就能吃到食物。箱外有一装置记录动物的动作。

实验一：每按三十次按钮就喂食一次；实验二：与按钮次数无关，随机喂食，观察白鼠在哪一种情况下的总按钮次数最多。

结果显示：实验一中，白鼠得到食物后，会休息片刻，必要时再作出反应，在实验二中，因为无从得知食物何时滚下，所以只能持续按钮，不能休息。特别是在实验二中，一次滚出来的食物量越多，白鼠在不再滚出食物的情况下，仍然继续按钮，这种行为不易消失。实验二的白鼠不放弃滚出食物的期望，按了一百次，按了一千次，不停地按了按钮。

斯金纳通过实验发现，动物的学习行为是随着一个起强化作用的刺激而发生的。斯金纳把动物的学习行为推而广之到人类的学习行为上，他认为虽然人类学习行为的性质比动物复杂得多，但也要通过操作性条件反射。

操作性条件反射的特点是强化刺激既不与反应同时发生，也不先于反应，而是随着反应发生。有机体必须先作出所希望的反应，然后得到"报酬"，即强化刺激，使这种反应得到强化。学习的本质不是刺激的替代，而是反应的改变。斯金纳认为，人的一切行为几乎都是操作性强化的结果，包括购买彩票。

事实上，实验二的白鼠正是被操作性条件反射操控了，这种心理和赌徒的心理很相似。明明知道成功的概率极低，人们却仍高估成功的概率，不能从痴迷状态中摆脱出来，专注于某种行为。正如赌徒如果一时尝到甜头，就难以抗拒赌博的诱惑。

赌徒有自己的一套理论——赌徒谬论，其特点在于始终相信自己的预期目标会到来。就像在押轮盘赌时，每局出现红或黑的概率都是50%，可是赌徒却认为，假如他押红，黑色若连续出现几次，下回红色出现的概率就会增加，如果这次还不是，那么下次更加肯定，实际上每次的机会永远都是50%。

彩票是一种小概率中奖事件，没有深入研究，没有进行有效选择，仅仅靠资金和运气在彩票上持续做大投入是不明智的。人们之所以无法抗拒地不断买彩票，往往以为自己就是那个幸运的人，尤其是当中了一次5元的小奖时，人们就以为能中小奖就有可能中大奖，甚至坚信大奖就在下一次。

著名经济学家张五常说过："正常的投机，本质上是对市场机会的预期，就人的逐利本性来说，无可厚非。投资为赚钱，投机也为赚钱，两者无道德高下评判之分。"而彩票这种投机太讲运气了，投机机会和风险共存。

如果我们购买彩票时，抱着不中头奖誓不罢休、"不到黄河心不死"的态度，最终可能会落一个倾家荡产的结果。因此，请大家不要沉迷于此，做到小赌怡情，懂得适时收手。

"说曹操，曹操到"的巧合

生活中充满各种神奇的场景，各种让人匪夷所思的巧合：

有时候我们哼着一首歌，旁边的朋友忽然惊呼："啊！我刚才也在心里哼着这歌！"

有时候我们要给一个人打电话，手机忽然响起来，竟是你要找的那个人打过来的！

有时候我们正谈到一个人，结果那个人就出现了，我们惊呼："说曹操，曹操到！"

……

人们惊奇于这种种的巧合，许多人认为人与人之间是存在心灵感应的。在科学领域里有相关的解释：心灵感应能力能将某些讯息透过普通感官之外的途径传到另一人的大脑或心中。

在心理学中，我们该如何看待这种现象呢？

首先，源于我们对外界的感知是有选择的。有一句俗语叫"受伤的手指经常被人碰"。为什么一个人总有"受伤的手指经常被人碰"的想法呢？道理很简单，是因为我们对受伤的手指格外注意罢了，也就是说，我们对外界的感知是有选择的。由此我们也可以明白为什么会"说曹操，曹操到"了：因为事情就是这样，恰好符合这一经验的被我们记住了，而更多的不符合这一经验的却被我们忽略或忘记了，并非我们的预言多么准，只是由于我们所做的选择更有利于证实这句话罢了。

类似的例子很多。有的人会相信预言性的梦，他也确实可以给别人举出一两个例子，但是他忘记了预言性的梦大多都没有实现这个事实；有时还会听到一些人议论：某某人算卦算得可准了，其实这也基本上属于此类情况，即偶尔算准的轻易地留在了人们心中，而大量未算准的却被这些人忽略了。

事实上，准的预言是极少的。只不过人们往往会轻易地忘掉一百次失败的预言，却津津乐道偶然的一次成功罢了。应该说，相当数量的巧合事件都可由此得到解释。

其次，许多无法解释的神奇之事，是因为我们对事情发生的背景知识了解得不够多。我们来看弗洛伊德本人的一个例子：

在得到教授头衔后的一天，弗洛伊德走在一条大街上。忽然，他心里冒出一个念头：几个月前，我曾治疗过一对夫妇的小女儿，但那对夫妇对我的治疗不满意，转而求助于另一个权威了。我想，这个权威是不可能治好他们女儿的病的，最终他们还要回头来找我，并会对我表示出十二分的信任，我会对他们说："现在我是教授了，你们便信任我。既然我是讲师时你们不信任我，那我当了教授对你们也没有什么用处。"正在这时，弗洛伊德的思绪被一声"你好，教授"打断。弗洛伊德抬头看时，正是他刚才想到的那对夫妇。

这算是一个极度巧合的例子。但弗洛伊德给出的解释很简单。他写道："那条街既笔直又宽阔，行人稀少，随便一瞥便可见到二十步远。其实，我老早就看到他们两人正迎面走来。"

由此我们亦可推知，许多似乎无法用常理解释的所谓神奇之事，可能就是因为我们对事情发生之前、之时或之后的背景知识了解得不够多，而且可惜的是，大多数情况下这种背景知识常常被我们忽略。或许，当我们对相应的背景知识有足够的了解时，我们就不用投向神秘论的怀抱了。

另外，所谓的心灵感应多出现在亲密关系的人身上。比如双胞胎、亲密的恋人或朝夕相处的同事。这其实源于生活圈的部分重合导致。人们由于长期相处，彼此之间会形成一种默契，或是有相同的喜好，或是同处于某种特定环境而产生一致想法，所以亲密的人之间更容易出现"心灵感应"。

最后，人们似乎都更愿意相信：存在着超出于因果关系之外的奇特事物。不管科学的争论如何，即使我们没有特别的心灵感应能力，大多数的人仍然愿意相信它。美国麻省理工学院教授菲力浦·莫里森认为，这是我们自己的需要！在《怪异与科学》一书里，他写道："影响人们准确领悟的是人们过于重视巧合，并把巧合与事实混为一谈的倾向。巧合常使人们感到富有戏剧性、奇怪和迷惑。没有什么事情真正需要解释，需要解释的仅仅是观察者主观的要求。"

未知的大自然，浩渺的宇宙，有限的生命，都让我们内心深处有恐惧感。心理学家认为："人们期盼奇迹，甚至希望拥有这样的能力，以消除这种恐惧。"而对于奇特事情的发生，我们如果找不到可以解释的理由，就会焦虑，为此我们就会说服自己，编一些理由来使事件变得合理化。心灵感应就是其中的一种方法。它能使我们跳出各种现实条条框框的束缚，享受一种精神上的自由。

正是因为这样，感性的人们总是对"心灵感应"无限推崇。而对于理性的人来说，"心灵感应"只是茶余饭后的谈资。

为何更多的人看到超自然现象

谁知道深山中的大脚印从何而来？谁知道尼斯湖水怪到底是真实存在还是人为虚构？谁能解释百慕大的失踪之谜？……世界上总有许多解不开的谜。

1947年，美国爱达荷州商人肯尼思·阿诺德驾驶私人飞机穿越华盛顿州的卡斯克德山脉时，看见 9 个不明飞行物，称其为像从水面飞过的盘子，飞碟由此得名。几天之后，美国新墨西哥州的罗斯威尔发现坠毁的外星飞船，当事者发现了神秘的金属残片。这就是进入工业革命后第一次全面的 UFO 报告。

UFO（Unidentified Flying Object）全称为不明飞行物，也称飞碟，是指不明来历、不明空间、不明结构、不明性质，但又漂浮、飞行在空中的物体。

2003 年 5 月 2 日晚，山东省微山县欢城镇界牌口村发现不明飞行物，不明飞行物在该村上空飞行逗留 2 小时之久。对于此事，《济南时报》分别以《微山县出现不明飞行物》和《不明飞行物现微山》为题，先后两次进行报道。

2005 年 2 月 23 日，泰安市西北方向上空出现了不明飞行物。摄影爱好者蔡志亭在市政广场中心花园拍摄元宵节烟花时，拍下了这个类似草帽形状的 UFO。事件报道后，引起多方媒体的关注，包括中央电视台新闻频道在内的多家媒体先后报道了此次事件。

自 20 世纪 40 年代末起，UFO 就引起了科学界的争论。天文学家、气象学家、生物学家、物理学家和其他科学家都相继对其提出自己的解释。那么，从心理学来看，为什么会有人认为自己看到了 UFO 呢？

有人认为 UFO 产生于个人或一群人的大脑，这种现象常常同人们的精神心理经历交错在一起。就好像有人声称自己曾经被外星人"诱拐"过，然后还被做了手术之类的改造。但是，事实上他可能是在潜意识地隐藏自己童年时代被虐待的事实。

同时，还有一些天文现象或者物理现象等也被误以为是"UFO"，比如，球状闪电、极光、幻日、幻月、海市蜃楼等，或者有一些根本就是自己人眼中的残留影像或者对海洋湖泊中飞机倒影的错觉等。但是为什么还是有很多人坚信自己见到的就是 UFO 呢？

首先，这种现象源于人们的好奇心。人们对于未知事物总是充满着好奇心，宇宙的浩瀚带给人们无限的想象空间，地球只是宇宙中的一个星球，在这星球之外是否存在其他生物？他们是否也拥有高端的科技不断探索宇宙的奥秘？有些人坚信地外文明的存在，从而产生"幻觉"或"错觉"。

其次，这种现象也受从众心理影响——当一个人声称某种现象是UFO的时候，其身边的人或许也会受其引导而确信看见的就是不明飞行物。

再次，这是人类的另一种天性的体现——我们宁愿相信一个无法确定的自然现象一定有科学的解释。而当我们实在无能为力时，与其坦然承认自己的无知，不如把它认为是UFO。

沉迷于网络的心理原因

网吧在我国几乎随处可见。无论是在城市还是在农村，找间网吧比找家书店容易得多。许多孩子沉迷于网络不能自拔，甚至出现了心理问题。

小阳是某初中的初三学生，在上网成瘾之后服毒自杀。学校一片哗然：该学生成绩曾一直都很好，曾经拿过市级的"三好学生"。这样的好学生为什么也会自杀呢？

小阳在留下的遗书里详细说明了自己成绩滑坡的原因，也解剖了自己陷入网络后欲罢不能的矛盾心理："上网成瘾后，意志衰退了，学业也丢了。我对不起父母，对不起学校，对不起自己曾经树立的理想。我恨自己，也想过重新振作，但就是无法从网络中解脱出来，我现在唯有一死，才能得到彻底解脱。"

有媒体爆料：我国20％的青少年患有网络中毒症。它已成为青少年身体、身心健康的一大杀手。不健康网络游戏的泛滥成灾，使挽救"毒瘾"发作的孩子们成了家长、学校、社会重大而紧迫的课题。

我们在痛惜的同时，也在思考：孩子们为何会沉溺于此？

一方面，孩子天性好奇、好玩，对周围的事物都想尝试一下。而目前我们的社会提供给他们的环境，日渐堪忧。加上现在的孩子多是独生子女，无人陪同玩耍。孩子无处可去，要么就是游戏厅，要么就是网吧。

另一方面，父母忙于工作，有的父母干脆让孩子留在学校不让回家，出钱请老师长期代管；有的则因生存状况差而忙于生计，孩子学习之余干了什么，根本顾不上。于是孩子整天沉浸在网络中，直至上网成瘾，难以自拔。

那么，我们应该怎样去教育和帮助孩子，让他们有节制地上网呢？下面是专家的一些建议，可以给我们一些启示。

首先，对于刚开始"触网"的孩子，我们家长要做好以下防范措施：

一是要为孩子建立有效的"防火墙"，加密锁掉不良网站。

二是要与孩子共同制定"游戏规则"，控制上网时间、内容，保持与孩子的正常沟通。

三是父母也应以积极的心态学习互联网知识，只有自己"升级"，才能有效地监管和合理地引导孩子，使孩子在充分享受互联网带来的好处时，最大限度地降低它对孩子身心健康的不利影响。

其次，对于已经沉迷于网络的孩子，我们家长要注意教育和开导的方法方式。

面对众多已有网络中毒症的孩子，简单粗暴地强迫孩子远离互联网是行不通的，切不可采取极端的做法。孩子在 15～17 岁时属于道德伦理、法律意识、自控力等各个方面还很不完善的阶段，这个阶段孩子最大的特点就是叛逆。家长任何过激的言行都可能导致孩子离家出走，甚至被逼上绝路。孩子越是疯狂上网，家长越是要关爱孩子。一旦发现孩子出现异常，情况不可逆转时，一定要求助于心理医生。

网络的可怕不在于网络本身，而在于我们对孩子的疏于管理，只要多和孩子沟通、给他们足够的关爱、及时开导他们，让他们适当地使用网络，那么网络也可以给孩子带来快乐，帮助他们成长。

婚外恋中谁付出更多

有人说，当男人陷入婚外恋时，大多是"家里红旗不倒，家外彩旗飘飘"；而女人就不一样了，她们大多会将所有感情投入到所爱的男人身上。所以有人说，女人一旦对自己的婚姻失望，开始寻找婚姻外的恋情时，会表现得比男人还要决绝。

一般来说，女性的婚外恋历程是"厌旧喜新""弃旧图新"，而很少"喜新不厌旧"，她们在追求婚外幸福时往往比男子更勇敢、执着。不少人敢于蔑视主流文化，顶住种种社会压力，甚至放弃子女抚养和财产利益，而与丈夫毅然决裂，却迟迟不见情人迈出实质性的一步，以致自己人财两空、进退两难。即使这样，女性还是容易在移情别恋时为爱不顾一切。出现这种现象的原因有以下几点：

首先，女性大多把爱情当作人生的主旋律，她们也只有在对情人"动心"的前提下才会冒险去尝试婚外恋，并在热恋中轻信心上人的承诺，从而痴迷地、忘情地投入其中。现在的女人思想更为开放，也越来越重视自己的感觉，对不满意的婚姻，她们会反抗。

其次，妻子与婚外异性过从甚密，常会受到丈夫的当众羞辱、粗暴殴打或性虐待。即使一些女性有悔过意向，丈夫也往往因强烈的占有欲和嫉恨心而难以再对其建立起信任感，有的还对妻子的时间安排、人际交往、兴趣爱好等做了苛刻限制，使妻子的自尊心严重受损，妻子终因无法忍受丈夫的猜忌、疏离和报复行为而寻求婚外恋。

再次，女性往往很难将性和情分离。与男人更加偏重于性不同，女人希望获得性与情的完美结合，所以女人千方百计想去独占这个男人，企求这份爱能够永恒。

显而易见，对婚外恋更执着、专一，也更投入的女性，在这美丽的陷阱中往往跌落得更深，也受到更多的伤害。她们的美好向往常与严酷的现实相脱节，她们的付出总得不到预期回报，她们在短暂的甜蜜和幸福之后，常伴随着沮丧和酸涩，因此，反思和彻悟对于她们尤为必要。倘若她们对婚外恋的心理差异有所了解，并对自己"想要什么"和"能得到什么"是否吻合作出理性判断的话，或许在临近婚外恋的雷区时会更小心谨慎。只要双方在家庭中互敬互爱，经常进行沟通，保持家庭的稳定和谐，婚外恋自然会失去存在的土壤。毕竟，对爱情较为执着专一的女性会更加注重保卫婚姻的完整。

病理性赌徒的心理

年底，当克里斯汀和两个刚刚蹒跚学步的孩子乘坐的飞机在美国拉斯维加斯机场降落时，她并没有看到调到这里的自己丈夫的身影。最终他还是乘出租车来到机场迎接他们母子，但已身无分文，对家人的到来毫无准备，他甚至没有钱租房子，钱包里没有信用卡。

这一切令克里斯汀感到意外："他每年收入超过 100 万美元，但我们却总是没钱花。"最后，克里斯汀终于知道整件事情的来龙去脉了。她的丈夫艾伦经常沉迷于赌博，所以钱都送给了拉斯维加斯的赌场了。艾伦的赌瘾仿佛是个无底洞，克里斯汀无法忍受了，所以，他们的婚姻亮起了红灯。由于过于沉迷赌博，艾伦的事业也出现了危机，他的老板不愿意再雇用他了。

艾伦很痛苦，他想戒掉赌瘾，克里斯汀在网上看到加利福尼亚州的彭德莱顿兵营可以治疗赌瘾，于是把他送到那里接受治疗。

同90%有了赌瘾的人一样，艾伦接受首次治疗后复发，他驾车从医院去了拉斯维加斯，又赌掉了18万美元。而此时克里斯汀已经绝望，打算和他离婚。于是，艾伦又赶快飞回家，可是，没过多长时间，他又背着妻子偷偷去了赌场。事后，他对妻子忏悔说："过去的9天，我都睡在大街上，我不知道该怎么办。"

艾伦是个典型的病理性赌博障碍患者。病理性赌博是指在个人生活中占据统治地位的、频繁发作的赌博行为，且行为对社会、职业、财产及家庭价值观念与义务都造成损害。现代的医学研究表明，赌瘾的形成不仅和心理有很大关系，而且，也带动着大脑生理上的改变。因此，赌瘾是仅次于毒瘾的心理疾病。

在心理学家们看来，好赌的根源在大脑。赌博能够刺激人的大脑产生一种名为多巴胺的神经介质。多巴胺会带给人快乐感受，很多人都会多次重复那种与兴奋快感相联系的行为。赌博恰恰触到了大脑中释放多巴胺的那根筋。

为了寻找赌博和神经介质释放之间关系的直接证据，瑞士科学家用猴子实验来模拟人类赌博行为。

科学家给猴子大脑装上电极。这些电极可以随时记录猴子大脑内特定神经细胞放电的情况。哪些神经细胞放电就说明这些细胞正在释放神经介质。在这项实验中，如果释放多巴胺的神经细胞放电猛增，就说明猴子已经找到了感觉。实验时，猴子面前设置的计算机屏幕上可以显示5种不同的图案。每当某种特定图案出现时，猴子就有机会得到奖励——一口果汁。

记录发现，如果一种图案让猴子根本猜不出下一步的图案是什么，以及能否得到果汁奖励时，它们分泌多巴胺的神经细胞放电活动最频繁，猴子也因此目不转睛地盯着计算机屏幕。相反，如果某一特定图案表示下面肯定有奖或肯定无奖时，它们的神经细胞就不会产生太强的兴奋。说明期待和猜测渴望得到的结果最能激发神经细胞兴奋，使多巴胺释放。

这项研究提示人们，赌徒之所以不断回头，主要缘于对下注之后、结果未卜的刺激追求。赌博具有难以自制的成瘾性，使人为了一时的快乐丧失理智，甚至不惜倾家荡产，从这一点上，赌博和吸毒非常相似。

婚前有房的心理成因

一部电视剧《蜗居》红遍了大江南北，同时，也产生了一个热门词"蜗居"。的确，现实生活中，在一个城市里生存的关键就是房子。可是，在房价节节攀升的今天，许多市民都会"望房兴叹"。按照中国人的传统习惯，有房才有家，有家才有归属感，房子也成了婚姻的必备品。但其中亦不乏有些人无力购买房子，从而导致男女双方分道扬镳。时下，"嫁人还是嫁房子"便成了人们热议的话题。

"没地儿住还结什么婚？"大学毕业已两年的北京籍的刘茜茜和贾晓宇面对婚姻的前提条件相当一致，尽管俩人相恋五年，感情也相当好，但是没有房子谁也不会先勇敢地提出结婚。

刘茜茜和贾晓宇家在北京都只有一套房，俩人要是结婚就都得从家出来重新找地方，租房俩人谁也不乐意，结婚得有房的观念深入人心。

刘茜茜不愿意是因为没房就结婚会让父母遭受邻居或亲戚的耻笑，而贾晓宇更是认为要先给心爱的女朋友一个保障才行。

就这样，眼看周围的同学一个个都走入婚姻殿堂，俩人却还在不断纠结，虽然好事多磨但更怕夜长梦多。就怕当有了房子，身边已经不是从前的那个人。

这样的例子在日常生活中比比皆是，房子成了横在婚姻面前的一座大山，成为一个强有力的"爱情杀手"。大家在反驳甚至是痛斥"现实"的女性的同时，也该客观冷静地正视这个问题。

首先，从本质上来说，房子是什么？为什么需要房子？了解了这样的问题，才可能更加贴近事实的真相。从现实的角度来看，房子就是家，是一个安身立命的场所，有房子就有一种安定的感觉。没有房子就没有归属感，无法保证基本的生活质量。

其次，来自家长的压力。天下大部分的家长都希望自己的儿女"安家立业"，房子当然是首要条件，没有一个温暖的爱巢，固定的居所，如何组建一个幸福的家庭？家长怎能安心放手？

另外，我国目前的租房体系并不完善，不像一些发达国家，公民租房成为常态：一方面发达国家有着很高的公共福利水平，租房居住完全可以达到满意的生活质量；另一方面人的流动性强，租房比买房更方便。反观我国现状，公共福利水平和租房生存所必需的配套建设非常不完善，租房只能是权宜之计。没有房产证，孩子上学就要交借读费；没有房产证，就无法获得户籍，就不能享受城市所有的社会福利……现行的很多社会制度都依托"房屋产权"而设定和存在，房子怎么能不重要？

在如此严峻的现实面前，"望房兴叹"的适婚男女难免左右为难，一边是难以割舍的爱情，一边是现实的无奈。俗话说："做得好不如嫁得好。"一个婚前不能给自己提供一个象征"保障"的房子的男人，能否成为托付终身的对象，许多女性在心中打出了这样的问号。

女人相对于男人更缺乏安全感。所以，女人选择"物质婚姻"情有可原，这是一种正常现象。的确，婚姻和爱情有很大的不同，爱情可以只是精神上的，而婚姻则必须要有物质作为保证；爱情可以天天都风花雪月，而婚姻则不得不担心柴米油盐；爱情可以我行我素，而婚姻却需要缔结一种新的社会秩序；

爱情可以穿越社会等级和人际关系的束缚，而婚姻却总是遭遇各种各样的精神枷锁。因此，女人为了自己的将来考虑，总要为自己的婚姻寻得最基本的保障。

经济基础决定上层建筑。是的，婚姻和物质有着千丝万缕的关系，问题是，婚姻幸福和房子是否可以画上等号？这样的要求是否合理？很多人认为，有房才会使婚后的生活更加稳定，幸福才会更加长久。也许这种观点有一定的道理，但是现实生活中那些没房没车的婚姻生活是否就一定是不幸福的呢？答案当然是否定的。所以，"结婚最好有房子"无关对错，但如果成为"一票否决"的条件，就要出问题。

两个相爱的人结婚，拥有属于自己的房子自是一件锦上添花的美事。但没有感情，再华丽的豪宅也难以容下一段不和谐安定的婚姻。片面地、执着地追求"结婚必先有房"最终可能导致失去爱情，失去原本属于你的美满婚姻。对多数女人而言，一个好的男人才能真正给她安全感，这才是核心所在。

不要因为眼前的房子蒙蔽了你的双眼，物质可以通过不懈的努力来获得，而爱情则是可遇不可求的。

年轻人义气的盲目性

在更多的情况之下，"哥们儿义气"是一种小团体意识。只要我们是朋友，或者你是我朋友的朋友，就有求必应，不分青红皂白，不计一切后果，为了某个人的利益，为了一个小圈子的利益，有时甚至为了一件微不足道的小事，就大动干戈，互不相让，结果害人害己。

某中学初中三年级的李东，在学校表现良好，成绩名列前五名，品行良好，多次被学校评为"三好学生"。2005年1月13日，14岁的李东放学后照例与玩得要好的同学在一起玩。其间，两个好朋友说要去抢劫，并打赌说他不敢去。"如果我不去，觉得有点不好。"李东说。于是，按照与朋友的约定，他找来一把砍刀赴约。

翌日凌晨 1 时许，李东与两个朋友来到离学校和家都比较远的一个烟酒店下手。当时，店面已经关门，一个朋友假装买东西将 22 岁的店主从床上叫起来，然后三人同时冲进去，将店主按住，开始抢钱和烟。店主见是三个小毛孩，便拼力反抗，两个朋友叫李东用刀砍。他为了兑现三人的约定和承诺，用刀朝店主一顿乱砍。店主送医院后经抢救无效死亡。

据了解，那次他们共抢得现金近 300 元，中档烟 20 余条。一个星期后，李东被捉获。李东的犯罪让老师、同学、亲戚和父母惊讶。

李东的遭遇令人惋惜，也让人觉得不可思议：究竟是什么令这位曾经是"三好学生"的少年失去理性，误入歧途？答案显而易见——不分青红皂白地执着于"哥们儿义气"。

心理学研究表明，处于青春期的青少年，随着年龄的增长、视野的开阔，他们对外界事物所持的态度的情感体验也不断丰富起来。这时的青少年十分单纯，喜欢交往，注重友情。在同学的交往中，这种感情是最真挚的。但由于一些同学缺乏正确的道德观念，分不清什么是真正的友谊，甚至把"江湖义气"当成交友的条件，而使自己误入歧途。

那么，真正的友谊与"哥们儿义气"之间的区别在哪里呢？

简单来说，友谊是人与人之间一种真挚且高尚的情感，它建立在志同道合、相互扶持的基础之上，这不仅表现在对方遭遇失败，经受挫折时为其排忧解难，也体现在对方犯错误时及时的指正。而"哥们儿义气"则不同，从心理学上讲，"义气"作为一种狭隘的封建时代观念，是情感的产物。情感是人对事物所持的态度化体验。之所以说"哥们儿义气"或"江湖义气"狭隘，是因为它判断是非的标准仅仅局限于几个人或某个小集团的圈子内，以小集团的利益为准绳，带有片面性、主观性，带有强烈的小集团的情感色彩。

既然"哥们儿义气"是一种盲目的执着的情感，那么，青少年该如何远离"哥们儿义气"的漩涡呢？

首先，要从思想根源着手，问问自己为什么会对"江湖义气"产生兴趣，它是何时左右你的？"哥们儿义气"和我们所提倡的精神文明到底有什么差别？危害在哪里？找到了症结所在，我们才能对症下药，勇敢地向"哥们儿义气"告别。

其次，要积极培养高级情感，取代狭隘的"哥们儿义气"。高级情感如道德感、友谊感、集体感、荣誉感等，这些健康的、向上的情感一旦在你的头脑中占主导地位，那种狭隘的"哥们儿义气"就没有立足之地了。

再次，用理智驾驭自己的情感，做情感的主人。这一点是很重要的。我们之所以会深陷"哥们儿义气"的漩涡，一个重要原因是不理智。做事全凭感情冲动，不管对错，结果往往铸成大错。正确的方法是，遇事应当三思而后行，分清是非黑白，冷静分析自己的行为是否符合道德规范以及法律规范。做事前多想一想，这样，我们才不会因为一时的冲动而被所谓的"哥们儿义气"冲昏头脑，作出疯狂的举动了。

年轻人应时刻保持清醒的头脑，分清"哥们儿义气"与友谊的本质区别，认识到"哥们儿义气"的危害所在，并不断提升自我，学会理智地分析是非对错，不盲目地执着于"哥们儿义气"，还友谊一片纯净的天空。

为何那么多人争当明星

关注选秀节目，我们不难发现，参选队伍最庞大的还要数青年人，在这个群体中，更多的人是抱着一夜成名的心理参与选秀节目的。

青年时期是人生多梦的季节，在这个阶段，青年人的自我意识开始觉醒，展现自我的欲望与日俱增，对成功表现出特别的渴望。他们会努力地追逐梦想，心理学上把这个成长阶段称作"暴风骤雨的时代"，明显特点是：容易冲动、容易被新奇的事物所吸引。因此，各种各样的选秀活动恰好满足了他们的心理需求，很容易引起他们强烈的呼应。

另外，媒介的力量是十分强大的，我们在不停地接收信息的过程中自然而然会开始了解，开始关注。而娱乐界的明星是备受关注的群体之一，他们在荧屏上、在演出中、在各种社交场合的闪亮登场及出色表现，逐渐赢得了大众的认同，成为人们的偶像。偶像对许多人来说是一种榜样和楷模，寄托了他们的理想和渴望，对接近这样的偶像甚至成为其中的一分子是他们强烈的心理渴求。青少年有着较强的成就动机，娱乐界明星所取得的成就在当下的社会里更易被关注，因而他们争相去模仿和追求——选秀就成了他们实现这种成就动机最明确、最简捷的途径。

狂热地参与选秀，除了特定年龄阶段的心理原因，也有其历史原因。中国人一直觉得内敛才是为人处世的正道。但是，过于内敛会使自己很压抑，长此以往就有可能导致更为强烈的张扬和释放。人的性格其实是一个很复杂的系统，往往并非只有单一的一面。随着社会的开放，展现自我、实现梦想的途径越来越多，于是人们追求成功、张扬自我的欲望变得十分强烈，因此能一夜成名、光辉耀眼的选秀活动就成了最有吸引力的途径。

正是因为上述原因，选秀风潮才能在中国风风火火地走过了几个年头。我们暂且不论众多选秀节目的利与弊，单从参选心理来看，渴望展现自我、渴望受到关注、渴望得到肯定、渴望获得成功是一种正常且积极向上的心理，应给予肯定与鼓励。但我们也必须清楚地认识到：几乎所有取得成功的明星背后都付出了常人难以想象的努力与代价，明星华丽光鲜的背后是一部心酸的奋斗史。因此，不付出努力，盲目且不切实际地执着于选秀，最终只会成为秀场上的炮灰。

情感偏见的普遍性

我们已经看到了，人们处理信息会受其情感和偏见的影响。人们会在买了新车之后会搜寻更多关于此车型的信息。很明显，人们并不是想要了解更多他们已经买的车，而是想要寻求证据以确认自己确实作出了正确的选择。

偏颇吸收部分源于我们降低认知不和谐的欲望。我们搜索并相信我们乐于看到的信息，我们避免并排斥令我们心烦的信息。一些谣言很有趣，令人兴奋。也许只是因为一点点兴奋与激动，人们就愿意相信这些谣言。即便谣言令人愤怒，人们也可能因为愤怒而相信它们。当人们普遍愤怒时，情况就变得比较轻松甚至好玩。因为在某种程度上，这种普遍的愤怒一定有特定的背景和根据。另一些谣言是令人心烦的，甚至带有少许恐怖意味，人们倾向于认为这种谣言是虚假的。

有关死刑和同性关系的研究很好地说明了这一点。当人们显示出偏颇吸收时，动机因素通常在起作用。如果人们有动机相信那些与他们的观点相符的谣言，不相信那些与他们的观点相左的谣言，那么这样的研究结果不足为奇。社会科学家曾提出"反证偏向"的信念，即人们会尽力反证与自己最初观点相冲突的论断。如此就很容易理解当我们背后有动机驱使时，为何均衡信息只能强化我们最初的观点了。

但是故事还没有结束。为了看清缺位的内容，让我们假设这个社会由理智的和不理智的两类人组成。这两类人都坚信既有观点。假设理智的人坚信某些观点，如真的发生过大屠杀。假设这些理智的人读到了有关这个问题的均衡信息。

对于理智者来说，那些支持他们最初观点的材料不仅看起来更加可信，那些资料也会为他们提供一些细节，从而强化他们之前的想法。相比之下，那些和他们最初观点相左的材料则显得难以置信、不知所云、居心叵测，甚至有些疯狂。结果是这些理智者的最初观点被进一步强化。借助均衡信息，他们获得了对自己既有观点的新的支持，而全然无视那些颠覆自己最初观点的材料。

当然，在不理智的人身上，我们会看到相反的情况。这些人的最初观点是大屠杀没有发生过。为了了解不理智者为何会这样认为，我们不需要讨论他们的动机，只需要分析均衡信息对他们最初观点的影响。即便理智者和不理智者都没有情绪化地坚持他们的观点，而只是读了有关他们既有观点的均衡信息，他们也会偏颇地处理这些信息。

这种解释有助于我们理解偏颇吸收发生的时间和原因。前提有两个：坚定的既有观点和带偏见的信任。当人们自己的观点不强烈并且两面都信任的时候，他们就会受所读所闻的影响。假如你对纳米科技没有特别的认识，并且你听说这种技术会带来严重危害。假如接下来有人向你提供了均衡信息，证明这种说法是错的。如果你之前没有持任何特别的观点，那么在听到均衡信息之后，你之前相信这种说法的意愿就会被弱化。如果你对支持和反驳这种说法的正反两方面信息都相信，你将不会断定其中一方误导或带有偏见而抵制这些说法。对于大多数谣言来说，大多数人都不会有强烈的既有观点，而且不会只信任一方而不信任另一方。在这种情况下，不同观点最终会趋向真理。人们会听取不同意见并根据听到的意见决定自己的立场。

相反，理智者和不理智者会有选择地相信一些人，而不相信另一些人。当他们读到有关正反两方面信息的资料时，一点也不奇怪他们会接受支持他们自己观点的那部分材料，而忽视反对自己观点的那部分材料。

以下这点很重要。如果你想改变人们的既有观点，最好的做法不是给他们看对手和敌人的信念，而是给他们看那些与他们的立场相近的人的观点。假设作为共和党人的你听到了一则有关民主党官员的令人震惊的谣言。如果民主党否定这则谣言，你可能不为所动；但如果共和党出来辟谣，你也许会重新考虑。一个压制谣言的好方法就是去证明那些本该相信谣言的人实际上并不相信那些谣言。

假设不理智的人认为没有发生过大屠杀。在读了纠正这种说法的相关文章后，这些人可能会有些质疑。第一，这些纠正可能把他们激怒并令他们为自己辩护。果真如此，就会产生出认知不和谐，从而使这些人更坚信自己本来的看法。第二，对于那些不理智的人来说，这种纠正的存在本身就会令他们坚信自己的最初观点。假如没有必要，为何自找麻烦去纠正？也许那些支持纠正说法的人太刻意这么做了，以至于他们的纠正反而证实他们否认的事确实存在。第三，这种纠正也许会让人们的注意力集中在有争议的问题上，而这种集中本身也会强化这些人最初的立场和观点。

很多研究都证明，越是提供给人们一些信息告诉他们不用担心他们认为有危险的事情，他们越会害怕。应该这样解释这个有趣的发现：当注意力集中在风险上时，人们的恐惧程度就会增强，就算他们看到的信息是提醒他们风险会很小的也一样。即便危险不太可能发生，人们也很怕去思考危险。谁也不愿意听到自己未来 5 年有 1% 的可能性会死于心脏病，或者自己的孩子有 1‰ 的概率会得白血病。所以，也许给人们看纠正虚假说法的报告反而会引起人们对虚假报告的注意，强化人们认为"虚假报告也可能确有其事"的观点。

我们过于迷信数字

当我们在做数字题时，如果使用不同的方法两次计算的结果不一样时，人们总是毫不犹豫会认为自己的计算出错了。因为我们偏颇地确信计算结果应该是一致的，而数字本身不可能自相矛盾。

为什么我们应该相信数学而不是自己呢？我们一起来分析其中的原因：众所周知，数学法则肯定是具有一致性的，因为它们在逻辑上都是真实存在的，在逻辑上真实存在的论断不会相互矛盾。

当然，我们要相信数字法则的一致性，首先必须相信数学法则在逻辑上是真实存在的，同时还必须相信数学法则是实实在在的。一列数字只会有一个和，这个论点是真的，仅仅是因为数学法则是真实存在的具体事物。这就很容易让我们的认知偏向于数学所呈现的数字。

既然自然数存在，那么数学法则也是真实存在的。与之相比，其他证明办法都基于那些不太能够达到不证自明境界的原理。如果你跟99.8％的数学研究者一样，跟99.8％的用过计算器的人一样，就会相信数学法则的一致性，这几乎可以肯定是因为我们发自内心地相信自然数从某种重要意义上来说是真实存在的。

诚然，"真实"这个词用在这里有些含糊。如果我们想理解得更深刻一点，让我们给它下一个定义："自然数是真实存在的"就意味着数学法则是具有一致性的。

尽管我们相信自然数是真实存在的，却无法找到任何有力的证据来证明这一信念。亚历山大·叶塞林·沃尔平是一位偏执的数学家，他曾提出了"叶塞林·沃尔平理论"：因为我们没有大量的经验，所以我们无法判断它们是否表现得具有一致性，甚至我们无法判断它们是否真实存在。

根据"叶塞林·沃尔平理论"，我们应该只去关注那些"小到足够让人思考的地步"的数字。这种理论被视为"极端有限主义"，而且几乎没有数学家会去认真对待它，当然更别提去认同了。亚历山大·叶塞林·沃尔平的对"真实"的偏颇吸收，引来了广泛的争论。

为了反驳这种"极端有限主义"，主流数学家提出这样的问题："我们究竟如何来判断那些数字是属于'小到足够让人思考的地步'的范畴呢？或许一两位的数字肯定算，而30位的数字就不算。那么，界限到底应该是多少位？"

著名数学家斯坦福大学教授哈维·弗彼得曼曾试图批驳"叶塞林·沃尔平理论"，他说："我从2开始，询问他这个数字是否'真实'或者能让人感到'真实'的效果。他几乎立即表示同意。然后我询问4，他仍然同意，但略有停顿。接下来是8，他还是同意，但更加犹疑。反复这样做，直到他处理这种讨论的方式已经很明显了。当然，他已经准备好回答'是'了，尽管他在面对2的100次方时要比面对2时犹疑得多。（2的100次方就是一个30位的数字。）除此之外，我也没办法这么快就得到这个结果。"

几乎每个数学家在面对大数字的真实性时都与弗彼得曼持有相同立场，几乎没有人和叶塞林·沃尔平站到一边去当"极端有限主义者"。最后，弗彼得曼和叶塞林·沃尔平达成了共识。我们不但相信数学法则，也相信代数、几何和数学的其他部分是真实可信的。但我们几乎没有丝毫逻辑理念和证据来支持这种信念。

经过深思，我们还是可以了解这种没有逻辑和证据支持的信念，这似乎并不奇怪。毕竟，蜘蛛知道如何织网，并不需要去寻找"第一定理"来推断出织网技术或者认真观察其他蜘蛛的工作过程以便推断出来。从原则上来讲，我们找不到反对人们硬生生地理解数学的理由。

也许可以辩解说蜘蛛的本能反应是下意识的。

那么，我们的信念必须满足一些其他的基础，然后才被划分为信仰、直觉、本能、启示或者"超感官知觉"等。其实，这一切或许正是因为人类的大脑是由很多相连的部分组成的，这样说可能只是人们的错觉但也可能是真理。

质疑这些的一个重要原因是，他们之间存在着太多分歧，以至于无法在细节上达成一致。数学真相容易被那些直觉敏锐的人理解，这一点已经由不同时代、不同地点的不同的人以不同的方式证实过了。

1888年，伟大的德国数学家大卫·希尔伯特证明了自己的"基础命题"，这个命题标志着现代代数的创立。他通过"将无限集合当成具体的对象"这一前所未有的创举作出了证明，他的学术对手保罗·戈尔丹对此嘲笑说："这好像不是数学，而是神学了。"然而，这一技巧创新几年后就带来了丰硕的研究成果，甚至戈尔丹也不得不承认"神学也有用处"。

在数学领域存在着正确的命题。但"正确"并不意味着"可以被证明"，而仅仅意味着通常意义上的正确，更多的甚至可以说是固执偏向。但是这些命题必须跟自然数体系有关才能是真实的。此外，这些命题都是正确的。因此，自然数在人们发现它们之前也是存在的，而且无论人们是否发现它们，自然数都是真实存在的。这样的数学命题深奥，但我们不得不承认，它来源于某个人的偏颇"研究"。

警惕"浮躁"影响选择

人往往容易变得浮躁，浮躁是普遍存在于现代人内心的一种心理，会与烦闷、压抑、暴怒等情绪联系在一起，从而深刻地影响我们的判断，把人拐入死胡同。

李强大学毕业后到美国留学，身处异乡，他满怀憧憬，希望自己能在这里打拼出一条成功之路。他拿着自己名牌大学的毕业证书和博士学位的证书到处求职，跑了很多大公司，却没有一家公司愿意聘请他担任重要的职位。

困惑和浮躁随之而来，他想：自己的博士学位可不是骗来的，怎么就找不到一份像样的工作呢？但几天以后李强又冷静了下来，想：或许我真的有不适合高层的地方，既然是这样，那么我就安心地先找一个简单的工作来干吧！于是李强收起了他的所有学位证书，到一家跨国公司申请做一个"程序录入员"，这次，他自然马上被录用。

当某人听到了不顺心的话，或碰到了不如意的事的时候，心情就会变坏，人也会因此而变得浮躁。每个人都难免会遇到一些指责、批评甚至是毁谤、陷害，但每个人面对它们的态度是不一样的。我们应该养成以平和的心态去面对事物的良好习惯和心境。在逆境中只要不浮躁、不急躁、不愤怒、不冲动，通常都能渡过难关。这时候保持一种平和的心态就很重要了。平和的心态不但能化解人的浮躁与暴躁，还能让人十分冷静地处理问题，让自己的境遇不断地变得更好。

对于拥有博士学位的李强来说，这份简单的工作根本就是小菜一碟，但他仍然一丝不苟，十分投入地做自己的工作。慢慢地，主管发现他能发现程序中的错误，并加以改正，非常不简单，一般的程序录入员肯定做不到这一点，于是就找到李强。在主管的询问之下，李强亮出了自己的学士学位证书，主管看后马上汇报给老板，老板感觉一个拥有学士学位的人只做一个程序录入员太可惜了，马上将李强调到了一个更好一点的位置。

李强在新的岗位上依然干得兢兢业业，而且这个时候，他已经有更多的机会和老板接触。慢慢地，老板发现李强不同于一般的大学生，因为李强提出的建议常常显得与众不同，很有采纳价值。于是老板找他单独谈话，李强又在谈话的时候拿出了自己的硕士学位证书。老板再次高兴地提升了李强。

又过了一段时间，老板发现李强在新的岗位上依然表现得非常出色，而且他似乎很适合在高层工作，就又找他谈话。这一次，李强才拿出了自己的博士学位证书。老板笑着问他，为什么当初不直接拿出博士学位证书呢？李强回答说："我虽然学位很高，但缺乏工作经验和社会经验，在从程序录入员开始一直到现在的日子里才真正学到了东西，现在的我才有能力和资格担任公司里的高层职务！"就这样，老板对他的能力已经完全了解了，因此毫不犹豫地对他委以重任，而李强也就从此拥有了施展才华的空间和机会。

我们现在对李强从开始的失败到后来的成功做个分析。李强开始的时候找工作屡屡失败，是因为他的浮躁。而后来他的一步步升迁，却是因为他的不浮躁。老板不是因为他的证书才任命他为高层，而是对他的人品和能力的双重肯定才给了他一个广阔的发展空间的！李强并没有自视才高，陷入浮躁与自负的泥潭，而是冷静地分析了自己的处境和外部环境，并找到了适合自己的路。

事实证明，有资本的人更应该避免浮躁。无论是有资金、有才华，还是有人脉，这些都不是让自己变得浮躁的理由。现在很多有文凭的高学历青年都很浮躁，他们认为自己手上的证书应该是自己一步登天的通行证，而事实未必如此，大多数人往往在现实中感到失望。相反，越是有基础、有资本，就越是应该冷静、谦逊、平和和认真地面对自己的每一个工作和每一个阶段的处境。这样的人是睿智的，因为他们知道自己的价值该如何体现，也知道自己的未来该如何创造，他们避开了浮躁不安、骄傲自大的泥潭，将自己引领到了成功的彼岸。

每个人都难免会受到一些指责、批评甚至是毁谤、陷害，但每个人面对它们的态度却是不一样的。可是只有能够调控自己脾气的人，才能主宰自己的人生。

我们应该让自己在平时养成以平和的心态去面对事物的良好习惯和心境。在逆境中，我们只要不浮躁、不急躁、不愤怒、不冲动，耐下性子来，通常都能渡过难关。

第九章　是什么让你感到恐惧

一个人经历了比较大的灾难，他会有很多生理性和心理性的变化，如果长期处于类似压力很大的情况下就很难恢复过来，如果把他放在比较积极向上的平和的环境下，慢慢地身体就可以自身调节，这是没有问题的。

——毛利华

(北京大学心理学系副教授)

什么环境让你感到恐惧

你想知道如何化恐惧为力量，帮助你全面发掘个人潜能，取得预想不到的效果吗？

前世界重量级拳击冠军乔·伯格纳曾两次与拳王阿里较量。在这两次比赛中，他都坚持到了最后。阿里曾为伯格纳指点迷津，伯格纳一直都记着这位伟大拳王的话："任何走上拳击场的人，如果丝毫不感到恐惧，那他一定是个傻子。道理很简单：他们对这项运动根本毫不了解。因为没有恐惧，就没有对抗力，也就没有准确的判断力、敏捷的反应和凌厉的战术来避险制胜。"

首先必须了解：我们都会感到恐惧。只有懂得如何利用恐惧的人，才能把恐惧化为己用，变成有用的武器。

恐惧专家指专门从事与恐惧紧密相关的工作，在工作中常常需要暴露在可怕的环境中的人，但是他们不但承认自己会感到恐惧，而且表示自己会敞开胸怀欢迎恐惧。他们并不把感到恐惧当作一种软弱的行为，而是把恐惧当作一笔财富，利用恐惧来锻炼自己的勇气，从平庸者中脱颖而出，最后获得成功。

恐惧专家们深知，唯一能做的就是学会与恐惧共存。在某些情况或者某些领域，你也许可以控制恐惧，一个人害怕的东西，另一个人并不一定就会害怕。但是，在其他情况或其他领域，恐惧可能以其他的形式出现。很多人会以为所有情况都一样，误以为我们靠自己的力量绝不可能控制恐惧。

恐惧在社交、家庭生活、工作中深深影响着我们。要么学着与恐惧成为朋友，要么沦落为恐惧的奴隶。大多时候，我们并不是被恐惧打败，而是被自己打败，因为我们并没有深入了解恐惧。可悲的是，大多数人从没想过要如何改善自己感到恐惧的状况，只想彻底消除恐惧。但是对恐惧的厌恶之情只会使你变成恐惧的奴隶，并受其控制。当你被恐惧控制了，你就几乎不可能扭转受控的局面，只能任其摆布了。

恐惧专家已经学会如何把他们的恐惧看成是专为他们而设的对其有利的动力，学会把恐惧当成一笔财富。把恐惧当作一种力量，最重要的是要记住，你可以选择如何看待恐惧。在你遇到强大的挑战时，恐惧就会产生，它能增强你的力量，提高你的警惕意识，从而保护你。

我们往往认为，恐惧是可怕的，把恐惧看作是软弱的标志，而不是强大的保护者。我们要拥抱恐惧，学会驾驭恐惧的力量，用勇气去战胜它，如此我们就会变得强大。

如何应对恐惧症

每个人都有过恐惧的经历。就好像如果一个人面对歹徒的匕首，双腿打战，甚至屁滚尿流，这是合理的恐惧；但如果他走在大街上，因害怕旁边的高楼可能突然坍塌将他压死而吓得寸步难行，这就有点不正常了。

　　护士小芸今年 27 岁，平日工作积极，领导、同事对她的评价都很不错，但最近她都有些不敢出门了。究其原因，竟然是因为她害怕看见花圈。她说只要一见到花圈就觉得头晕目眩，接着便全身冒汗、心跳加快、肌肉紧张，发展到后来甚至听到哀乐或别人提到"花圈"二字都会胆战心惊。

　　这是为什么呢？小芸到底发生过什么事让她对花圈如此恐惧呢？

　　原来，在 3 年前的某个晚上，她从梦中惊醒，因为她在梦中似乎看见墙上挂有凭吊死人的大花圈，她心惊地大叫。小芸的丈夫忙开灯，可墙上什么也没有，一关灯，花圈又出现了。后来，丈夫发现她所说的花圈原来是窗外树枝在墙壁上的投影。虽然她也相信是树枝的投影，但从此对花圈产生了莫名其妙的恐惧，见到花圈便紧张不安。

　　我们每个人都有自己喜欢的东西，相反的，我们每个人也都有自己害怕的东西。或者是人，或者是动物，或者是某种环境，就好像有人怕猫，有人怕火，有人怕尖锐的东西，这些都可以理解。但是，当一个护士开始惧怕花圈的时候，那么，在她身上到底发生了什么事情呢？

　　这种症状，心理学上称之为恐惧症。通常是对特定的事物或所处情境的一种无理性的、不适当的恐惧感。其实他们所害怕的物体或处境在当时并无真正危险，但患者仍然极力回避所害怕的物体或处境。根据精神分析学派的观点，恐惧症是由于当事者压制的潜意识里的本能冲动导致的，而"转移作用"和"回避作用"就是两种压制冲动的方法。

　　其实，这样的恐惧并不是单纯的，或许从中我们还可以发现有更深一层的心理因素。就像是护士小芸的故事，其实还有一个前奏。

　　这源于噩梦之前她对一个病人的特护工作。病人患的是晚期肝癌，常年病卧让他极度烦躁，经常呵斥护士，因而护士们在背后常颇有微词，甚至当面暗讽那位病人。可是，小芸却因为怕惹事选择沉默地忍耐了下来。后来病人因为抢救无效而去世。事后，死者家属以死者所在单位的名义向医院反映了护士的有关情况。医院领导在大会上严厉批评了特护的几位护士，却突出地表扬了她，号召大家向她学习。忽然，她觉得自己一下子被置于与大家对立的地位，因而十分紧张。但她一直克制着自己内心的紧张和焦虑，坚持正常上班，在别人眼里，她并没有什么异常。但这种状态持续了一段时间，就出现了上面那个梦。

　　小芸就是如此，在护理那位癌症患者的过程中，她产生了厌烦的情绪，但一直没有表露出来。在患者死后，她觉得终于解脱了，但内心又隐约为自己曾经的厌烦而感到内疚。同时，院领导的表扬又让她觉得自己被同事疏远，让她非常不安，不过她依然保持镇定。在持续的压抑之下，因为患者之死这件事所带来的复杂情绪：厌烦、内疚、焦虑不安……终于转化为对花圈——情绪具象化——的恐惧。很显然，花圈代表整件事情，在这里，整体恐惧被缩小为局部恐惧，小芸只是在潜意识里选择了花圈这一替代物。

　　恐惧症的心理治疗应该先由医生向有此症状者系统讲解该病的医学知识，使我们对该病有充分的了解，从而能分析自己起病的原因，并寻求对策，消除疑病心理等。要适时地减轻焦虑和烦恼，打破恐惧的恶性循环。同时要主动配合医生的药物或者心理治疗。行为疗法可以选用暴露疗法，也可以酌情选用冲击疗法。而从心理治疗来说通常可以使用集体心理治疗、小组心理治疗、个别心理治疗、森田疗法等。

有效克服乘车恐惧

在生活中，有些人害怕乘坐某种交通工具，如飞机、汽车或轮船等。他们不是简单的害怕晕车、呕吐，而是有一种更深层次的恐惧心理，这就是"乘车恐惧"。

乘车恐惧是指对乘坐汽车或乘车经过某一特定区域时所产生的一种紧张、恐惧、焦虑情绪，以致害怕乘车的现象。关于乘车恐惧的病因，至今尚不太清楚。但诸多看法认为，乘车恐惧与患者过去的某一特定经历有关，对这一特定经历的条件反射可能是诱发乘车恐怖的病理机制。条件反射学说认为，当患者遭遇到与其发病有关的某一事件，这一事件即成为恐怖性刺激，而当时情景中另一些并非恐怖的刺激（无关刺激）也同时作用于患者的大脑皮质，两者作为一种混合刺激物形成条件反射，故而今后凡遇到这种情景，即便是只有无关刺激，也能引起强烈的恐怖情绪。如患者经历了一次车祸，车祸才是导致恐怖的条件刺激，而类似的汽车则是无关刺激，由于这一恐怖情景的泛化，类似的汽车也成了恐惧源。

时间久了会引起严重的病理反应。正如一次出车祸，十年怕坐车那样。美国心理学家华生曾做过一个实验，他采取一些手段使一个四岁的孩子对兔子害怕，结果很快这个孩子害怕起一切有毛的东西，例如狗、长毛绒玩具，甚至长着胡子的人等。

小欣是北京某高中的一名高一学生，她家离学校不太远，每天只需乘半小时的公共汽车。近半年从家到学校，又从学校到家，她早已习惯。有一天，她放学回家，像往常那样登上回家的公共汽车，汽车突然遇到红灯紧急刹车。乘客们在惯性的作用下被晃得东倒西歪。小欣也在惯性的作用下向前猛冲，正好撞到前面的一个衣着脏破、满身酸汗气的醉汉身上。当时小欣被吓了一大跳，并有一种恶心的感觉。从那之后，她只要一上公共汽车心里就紧张，感到恶心、心跳加速。几次发作后，她开始害怕乘车。无奈之下，只好步行，但又不堪长时间以这种方式去上学。

父母眼见女儿这样，十分心疼，父亲曾多次陪着她乘车去学校。奇怪的是，只要父亲陪着，她乘车就没有什么异常的感受，但一旦她独自乘车，恶心、心跳加速等症状就会发作。父母感到不可思议，陪女儿来到心理诊所寻求帮助。

心理医师详细询问了发病经过后认为，小欣起病于刹车时的冲撞，病情发展于心理对此事的严重性想象，再加上自己有意回避，恐惧感就会越来越重，还会伴有严重的心理焦虑。

对乘车恐惧的治疗一般采用行为疗法，据专家介绍，使用该疗法治疗各种恐惧症的治愈率在 90% 以上。在进行治疗时，应先弄清患者产生恐惧的病因，尤其是发病的情景，并详细了解其个性特点、精神刺激因素，然后用适当的治疗方法，如系统脱敏疗法、满灌疗法。如对上例的治疗，因患者起病于车祸的影响，病情发展于心理对事件严重性的想象，再加之其有意回避，恐惧感越来越重，故可采用满灌疗法。

下面我们以上例中对小欣的治疗为例展开讨论。

首先，心理医师围绕"乘车与回避乘车"的利与弊对小欣进行心理疏导。心理医师对小欣说："当你回避乘车的想法变成现实以后，这在心理上是一个大倒退。如果今后想再去乘车，害怕的感觉会更加严重。也许你以为自己的害怕与乘车有关，其实不然，这是心理问题，是自己在吓自己。相反，如果在事情发生后，你能及时认识到这只是一次偶然的事件，并迅速壮起胆量，坚持继续乘车，即使一开始有些紧张不安、心里不好受，但扛过去就会习惯，那么以后乘车就容易多了。"

接着，在小欣的认识初步提高后，心理医师即决定让她实地乘车进行练习。为了使练习取得较好的效果，心理医师反复做工作，要她克服不适感。说明只要忍耐些把第一次练习坚持下来，以后的练习就好办了。

第二天早晨，心理医师带领小欣来到公共汽车站。为了使首次练习取得成功，心理医师同意和小欣一同乘车。两人上车后，医师让小欣坐在车的另一边座位上，并讲明彼此不要说话。公共汽车开动后，小欣一下子开始紧张起来，只见她双手微微颤抖，呼吸急促，头上渐渐冒出虚汗，想要站起来坐到医师旁边，但双脚发软，无法动弹；她又想叫司机停车让自己下去，但又不好意思开口；她两眼直盯着心理医师，可心理医师却没有理会她，只是用手势示意让她继续坚持，不要因害怕和不适而放弃努力。就这样，他们总算坐到了站。

下车后，小欣气喘吁吁、头上大汗淋漓。心理医师则趁机鼓励她说："今天你的第一次练习完成得不错，总算能够坚持下来了，现在你还觉得乘车有危险吗？"为了打消小欣的恐惧感，心理医师继续向她解释："刚才在公共汽车上，我看出你确实在乘车时十分难受。但实践证明，你在紧张时忍耐住不舒服的感觉，焦虑、恐惧症状实际上就迅速减轻了。但是，如果你在半路上真的逃出公共汽车，那样的话以后你就更不敢乘车了。"

两天以后，心理医师又带着小欣进行第二次练习。这次，心理医师没有同她一起乘车，让小欣独自从起点站乘到终点，并开导她说："有人陪你容易使你产生依赖心理，你现在开始要锻炼独自乘车的胆量，如果能闯过这一关，你害怕乘车的心理就会消除，以后就又能独立乘车上学了，希望你今天要坚持完成这一练习。"

在医师的鼓励下，小欣独自上了驶往学校方向的公共汽车，在汽车行驶的过程中，她虽然又出现了紧张害怕的心理感受，但她也发现不适感比第一次有所减轻。她不停地鼓励自己："坚持，再坚持！车上有这么多人，其实乘车并没有什么危险，我已经不是一个小孩子了，不应该害怕！"就这样，一个小时后，公共汽车到达终点站。小欣下车后，做了几次深呼吸，感觉良好，就又坐上了返程公共汽车……

心理医师对小欣的成功进行了赞扬，并告诫她以后每天要继续坚持练习，不可因懈怠而半途而废。小欣牢记心理医师的话，每天坚持乘车上学。半个月后她再也不为害怕乘车而烦恼了。

当然，为了更快速有效地治疗乘车恐惧，还可以采用疏导疗法、松弛疗法、药物疗法等。

保留自己的私人空间

乘电梯的时候，人们的眼睛是往哪里看的呢？估计大部分人的眼睛都会习惯性地盯着电梯显示屏上跳动的数字，心里跟着默念："1、2、3……"为什么在电梯里大家都习惯性地仰着头看着显示的楼层数？难道显示的楼层数有什么神奇的魔力吗？还是有什么不可思议的心理效应在背后起作用呢？

首先人们最容易联想到的理由就是，抬头盯着数字看，是在观察自己所要到的楼层是否已经到了。而实际上，这种行为与我们的"私人空间"有着很大的关系。所谓私人空间，是指在我们身体周围一定的空间，一旦有人闯入我们的私人空间，我们就会感觉不舒服、不自在。私人空间的大小因人而异，但大体上是前后0.6~1.5米。据调查数据显示，女性的私人空间比男性的大，具有攻击性格的人的私人空间更大。在拥挤的电梯中我们会感觉不自在，就是因为有人进入了自己的私人空间。不过，人的私人空间会根据对象的不同而发生改变。假设一个人前方的私人空间为1米，如果对方是亲近的人，私人空间也许会缩小到0.5米，但如果是不喜欢的人，也许会扩大到2.5米。而对于憎恶的人，则会敬而远之。人需要私人空间，当他人侵入这一空间时，则会作出各种反应，在电梯里抬头看就是这些反应的一种。

电梯是一个非常狭小的空间。在电梯中，人与人的私人空间出现了交集，即互相感觉到对方进入了自己的私人空间，所以会感到不舒服，都想尽早离开电梯这个狭窄的空间。向上看正是想尽快"逃离"这个狭小空间的心理表现。

此外，盯着显示楼层的数字看，不只是为了确认是否到了自己要去的楼层。当我们急于离开这个狭小空间时，不停变换的数字能让我们感到电梯在移动，是在提示人们就快要离开封闭的空间走向开放的空间。

和在电梯中一样，乘地铁时当很多人涌入一节空车厢之后，长座椅的两端先有人坐，而座椅的中间后有人坐。因为人们认为坐靠边的座椅，不容易受到别人的影响。万一不小心睡着了，还可以减少倒在别人身上的概率，用手机发短信时也不用担心别人会偷看了。总之，周围的人越少，人们就越自在。

不过，也不是所有靠边的地方都会让人感到舒服自在，比如公共厕所中靠近入口一端的座位就经常受到"冷遇"。快餐店、咖啡馆等高靠背座椅靠近外侧的一端也不太受欢迎。这是因为高靠背座椅本身就可以确保一定的私人空间，而靠外侧的一端反而容易将人暴露。

因此，在公共设施的建设上，要注意充分考虑人们对于"私人空间"的心理需要。而人际交往中，也要注意尊重和理解对方的"私人空间"，给别人一点理解，也是对自己的尊重。

不要陷入信心的陷阱

人们往往对自己的能力有超乎正常水平的估算。身陷信心陷阱的管理者们的一个典型情况是，他们非常想要获得成功，惧怕失败，以至于干脆放弃尝试。

在描述 ESPN 电视网的发展过程时，迈克·弗雷曼提到了他的搭档基思·奥尔伯曼是如何成为同事的噩梦的。奥尔伯曼常常对同事大呼小叫、厉声呵斥，甚至不止一次让同事掉下眼泪。后来了解到，奥尔伯曼对失败有一种长期的恐惧。这种恐惧时时刻刻伴随着他，因为他总是觉得自己应该为很多事情负责，尽管有些事情根本不是能由他控制的。为了抵消和掩饰对自己能力不足的感觉，他将自己扮演成一个超人。不管什么事情，只要一有出差错的危险，他就插手进行干预。不幸的是，这种事事插手的做法使奥尔伯曼身受其害，使他产生了一种"担心由于事情出差错而被谴责的恐惧"。弗雷曼的书出版后，奥尔伯曼意识到自己的错误，并向曾经的同事道歉。在道歉信中，他将自己的行为归因于一种内心深处的不安全感。他说："我一直认为，我周围的每一个人都比我更有能力，而我却是个能力不足的人，同时我总感觉我的能力欠缺早晚会被人们发现。"无疑，在大多数人的眼中，奥尔伯曼是很成功的一个人，但是他却生活在恐惧和自我厌恶中，这种恐惧最终迫使他离开了工作岗位。

对失败的恐惧往往来源于早期不良的家庭教育，有严重的失败恐惧症的人在小的时候往往因为失败而受到惩罚，而对于成功却反应平淡。孩子对父母的情感依附往往很不牢靠，他们总有一种不被接受或者不被认同的恐惧，对达不到期望的恐惧是造成惧怕失败的一个重要原因，同时也会掉入信心陷阱。这种负面思维会严重地影响管理者的人际关系，他们往往不切实际地担心：一旦事情不顺利就会失去人们的尊敬和赞许。

用功过度的人对自己处理各种关系的能力没有信心，在内心深处不相信自己，也不相信自己有能力对下属进行管理。严重的时候，则会产生管理者用功过度，而下属们则相应地用功不足。20世纪60年代，英国教育家和心理分析学家唐纳德·温尼考特将"真实的自己"和"虚假的自己"引入了心理分析学中，将"真实的自己"定义为与生俱来的那个健全、自信的自己；而"虚假的自己"则是在生命的早期作为取悦父母的方式而出现的一种构造物。孩子们会遵守符合父母的价值观念，但随着孩子逐渐长大成人，他们往往会开始挑战和质疑他们从父母那里接受的那些规则和价值观念，而这正是十多岁的孩子会出现反叛情绪的原因。等他们跨过这个门槛，在接受了"真实的自己"后，从父母那里获得的一些观念与自己独自形成的认识之间达成一种平衡。但这并不是说"虚假的自己"就此消失。在工作中，呈现出一个"虚假的自己"、一个快乐地接受组织规范和文化的自己，这往往是一个合乎情理甚至心照不宣的要求。我们也许不会认同公司的一切，或者不赞同管理者的经营方式，但通常对此保持沉默，以便能在公司里和他人正常相处或者使工作能够顺利完成。所以有些人觉得他们必须要将这种"虚假的自己"发挥到极限。

"虚假的自己"是一个信心陷阱，它阻碍我们认识自己的真正潜力，于是压抑"真实的自己"，并戴上一种更能被人接受的面具。对"真实的自己"的不满导致自我抛弃，并不断地消耗着自信。道理很明显，如果我们为"真实的自己"感到羞愧，又怎么可能对自己成功的潜力持有信心呢？

不要太敏感

我们是不是有过这样的错觉，周末刚换了个新发型，周一坐地铁去上班，突然感觉整个车厢的人都在盯着自己，事实上，大家坐在座位上各做各的事；早上起晚了，匆忙跑去上课，你趁老师转身的间隙悄悄找了个座位坐下，整节课你都不敢抬头，好像老师一直在盯着你看，其实老师在专心讲课，根本就没有觉察到你的到来。

有这种想法的人，通常在性格上比较敏感和神经质。他们对自己缺乏自信心，内心充满着自卑感。而这种自卑感会引发焦虑和对完美主义的追求，使人习惯于不断给自己施加压力，希望自己做得更好，而结果往往是适得其反。

刘莉大学毕业做了一名文字编辑，在一家著名的杂志社工作。这是份看似还不错的工作，但刘莉没做完试用期就不得不辞职离开了。事情是这样的：

刘莉到新单位报到的第一天，杂志社主编对她说："从面试的时候就看得出来，你是一个有才华的姑娘，我们杂志社就是需要你这样人才。在以后的工作或者生活中，我会关注你的……"

刘莉听了主编的一番话后想，主编竟然说会特别关照我，那就是说他会很看重我这个人。从此，刘莉努力想把工作做好，因为她觉得自己的一举一动都被主编看在眼里，自己不能辜负主编的殷切希望。

因此，刘莉只要一走进办公室，总觉得主编在背后盯着自己，所以总是处于紧张的工作状态之中。越是紧张就越容易出错，一次，她在校对一部稿件时有几处很明显的错误没有发现。稿子到了主编那里，失误被发现了。

主编找到她谈了一次话，询问她最近工作是不是很紧张，但不要影响工作，这次的失误没有造成太大的影响就算了，但以后不可再犯。

刘莉本就是一个对自己要求严格的人，犯了这种错误，她无法原谅自己，而现在主编又知道了，她想主编一定认为她工作不专心，责任心不强。于是，她开始在内心里谴责自己，觉得对不起主编的关注。

由于刘莉的心思太重，总想着这些事情，工作越做越糟，越错越没有信心，工作中频繁出现错误，没等过完试用期，她就主动辞职离开了。

刘莉的情况，心理学认为是由于内心过于敏感而造成的。事实上，我们完全没有必要胡乱猜测，给自己盲目施加压力。要为自己树立一个正确的认知，不要总活在别人的眼光里。

生活中，总是觉得别人在注意着自己、观察着自己，只要和别人的眼神交汇，就会以为是对方一直在盯着自己看，有时候甚至会想到脸红脖子粗，真是越想越觉得压力大，越想越觉得恐怖啊！

每当出现这种症状时，一定要在内心高喊"停止"！要不断地给自己积极的心理暗示：他不是在看我，不是在看我，不是在看我……其实想一想，一个人偶然的眼光里存在几万种可能：他真的不一定是在看你；即使他看你，也可能是无心的，也可能是欣赏你。

心理学家认为，这种通过积极的疏导和自我暗示，可以成功地克服这种敏感的心理带来的负面影响。

1. 以积极的心态"脱敏"

以积极的心态帮助心理"脱敏"，就是要让自己及时忘掉因为自卑感带来的不舒服的心理体验。别人看，那就让他看好了；别人说，那就让他继续说去，"谁人背后不说人，谁人身后无人说"。树立自信、积极的心态，是决定成功与否的第一步。

2. 加强情绪锻炼，增强情绪健康

健康，是一个综合概念。一个人只有躯体健康、心理健康、有良好的社会适应能力、道德健康和生殖健康等五方面都具备才称得上是健康。对健康概念理解的变化，引导着现代医学从以前只关心病人的身体疾病的生物医学模式转向生物—心理—社会医学模式，不但关注躯体疾病，更关注心理疾病以及造成身心疾病的社会环境。

最好的减压方法不仅仅包括针对身体健康进行的体育锻炼，还包括针对情绪健康进行的情绪锻炼。注意情绪锻炼，要求我们在生活面前保持冷静的思考和稳定的情绪，遇事冷静、客观地作出分析和判断。要多方面培养自己的兴趣与爱好，如书法、绘画、集邮、养花、下棋、听音乐、跳舞、养宠物……

不管做什么，有所爱好都强于无所事事。

3. 学会疏导情绪

心理压力太大、情绪不好时，不妨尝试着疏导、发泄的方法。比如，找个没人的地方痛哭一场，哪怕是号啕大哭也未尝不可。据说这种"哭泣治疗法"在表面精明强干、无所畏惧的白领中很流行，放声大哭一场可以把体内造成情绪压力的有害物质统统排除掉！

当然，如果你实在哭不出来，那就笑吧。不管是哈哈大笑还是微微一笑，只要是发自内心的，都可以在笑声中释放自己的情绪，从而改变阴郁的心情，让自己变得阳光、开朗起来。

克服对黑暗的恐惧

生活中，我们常常看到一部分婴儿在夜晚时因害怕而啼哭，只有当灯开着的时候，他们才会甜甜地睡去。其实这种害怕黑暗的情形不仅仅是发生在婴儿身上，许多成人也有同样的问题，他们在夜间将房间弄得灯火通明，然后才能安心地睡去。这种不良习惯在心理学上被称之为"开灯睡觉癖"。

开灯睡觉癖是指在夜晚睡觉时必须开灯，且在睡眠状态下也不能熄灯，从而造成对灯光的依赖。

开灯睡觉癖是一种不良习惯，其病理实质是对黑暗的恐惧。这种对黑暗的恐惧大半是从幼年期开始的。因为在此期间，儿童们好奇心很强，喜欢听有关鬼、神的故事。而这类故事的背景、内容及人物的出现又常常是在晚间或平常人所看不到的黑暗中，以显示生动性和神秘性。久而久之，他们便将对妖魔鬼怪的恐惧与黑暗连在一起，形成了对灯光的依赖，导致不敢关灯睡觉。这是开灯睡眠的一个主要原因。其次，在某一黑暗的情境中意外遭遇到可怕的事情，或在黑夜做了一个噩梦，这些令人恐怖的经历未能及时排遣，也可能造成对黑暗的恐惧。

有位 21 岁的男大学生，夜间无论何时都不敢走进地下室。白天他无所谓，但一到晚上就控制不住，他自己也承认毫无道理，后来发展到不敢关灯睡觉，即使跟别人同住一室也要开灯。而一关灯，他就吓得哇哇大叫，闹得室友莫名其妙。

一次，父亲强迫他去地下室，他竟昏倒在石阶上。后来，看过心理医生才知道，原来在幼年时，他有一次在邻家听小朋友讲了一个有关鬼怪的故事，描写一位巨人，专吃 10 岁以下男孩的心、喝他们的血、挖他们的眼。听完故事后他满怀恐惧地蹒跚归家。当时天色已黑，只有些许星光，虽然离家很近，但是有一条荒僻山道，正在这时，他突然发现一个巨人向他走来，他顿时两腿发软，昏倒在地。

实际上，他所遇见的是一个农民，由城内归来，背着箩筐在黑暗中显得特别巨大。加上这位农民喝了几杯酒，步履踉跄，看起来更像一个张牙舞爪的巨人。但自己的昏倒并未惊动这位农民，所以他在地上昏睡了足足半个小时后，才被家人发现抱回家。从此以后，他就对黑暗产生了极大的恐惧，导致了自己以后夜晚不敢关灯睡觉。

后来，他又听说某家住宅的地下室，一对男女曾做了丑事，被人发现，结果女的羞愤自杀。不道德的行为和罪恶的感觉以及黑暗、地下室连在一起，使他产生了对黑暗的更大的恐惧。

其实，这样的习惯和黑暗本身没有太大的关系，而是和黑暗里隐藏和蕴含的意义有关系，黑暗中给自己带来的消极感受和不良刺激才是导致不敢关灯睡觉这种行为的根本原因。那么，我们应该如何矫治这种严重的心理问题呢？

一方面可采用认知领悟疗法。对有此恶习者进行辩证唯物主义和无神论的教育，说明鬼怪并不存在，对鬼怪的惧怕而产生的对黑暗的恐惧其实只是一种幼年时期的幼稚情绪反映，使其从认识上减轻对黑暗的恐惧。如上例，应向那个大学生说明那天晚上他所碰到的并非巨人，而是活生生的某位农民，并在说明教育之后重演那天晚上的一幕，从认知上、潜意识里消除恐惧。

另一方面可采用系统脱敏疗法。根据其对黑暗的恐惧程度，建立一个恐怖等级表，然后按照从轻到重的顺序，依次进行系统脱敏训练，不断强化，直到能关灯睡眠为止。例如，对案例中的大学生，可以先由数人一起关灯谈话，到数人一起关灯静坐，再到两人一起关灯睡眠，再到一人关灯静坐，最后一人关灯睡眠，从而根治这种心理障碍。

人为什么惧怕蛇

如果把装满子弹的真枪放在小孩子面前，他们或许会认为那是自己的玩具。但是，让人觉得奇怪的是，如果我们把枪换成一条玩具蛇，孩子们则有可能被吓到，甚至哭出来。而且，给任何一个年龄段的人看一条蛇，或者仅仅是一幅画，都会引起他们的强烈反应，如出一身冷汗或者心跳加速。不管是美国人、英国人、日本人、澳大利亚人还是阿根廷人，反应都一个样儿，甚至当地根本就没有蛇的爱尔兰人都如此。

为什么会出现这种奇怪的现象呢？这种对蛇的恐惧又是由何而来的呢？

在1998年，遭枪杀的美国人有3万多，遭雷击而死亡的人数是240人左右，而被蛇咬死的人数还不到30人。按理说，我们对枪杀和雷击的恐惧应该大于蛇才对，但是，事实却正好相反。人们在面对蛇时的反应程度要比面对真枪或者闪雷时更加剧烈。

其实，对蛇充满恐惧心的这个谜团来源于从祖先那儿流传下来的基因。也就是说，对蛇的恐惧是已经刻在骨子里的。因为当我们人类在还是以捕猎采集为生的时候，就有许多人被蛇咬死了，而使用枪或者用枪杀人则是比较"近期"的事情。也就是说，与蛇的对抗和恐惧来源已久，那是我们人类共同的远古的敌人。而在天长日久的进化中，蛇也常伴我们的左右，相对于枪这种近期产物，蛇拥有更为古老的杀人历史，虽然随着时间的流逝和人类的进化，因此而亡的人逐渐减少；而对于闪雷这种不可抗力的自然现象（天气情况可以预知，但是雷电杀人则是不可预知的），人类更多的是无可奈何和不现实感。

但是，更奇怪的事是如果我们在新几内亚高地拿蛇做实验的话，就很难发现人们会抱有同样的对蛇的惊恐。把蛇或蛇的图片拿出来，会惹得成年的新几内亚人发笑。蛇根本吓不倒他们，这似乎有点奇怪。因为在以前，几乎每一个被测验的对象都会有害怕的反应，为什么在此会不同呢？新几内亚不像纽约城，这儿的蛇非常多，而且还咬死了很多人。甚至还有这么一个记录，在附近的岛上，一条巨蟒咬死了一个 14 岁的男孩并把他完全吞噬了。按照常理说，如果有人怕蛇的话，那应该是新几内亚人才对，因为他们还会被蛇咬死。然而他们对其他人对蛇幼稚的、普遍的恐惧感到好笑。

既然说对蛇的恐惧已经刻在了人类的骨子里，那么为什么新几内亚人会成为这样的例外呢？

原来，新几内亚人从小时候起就经常遇到蛇，知道其中只有三分之一的蛇有毒。在这个过程中，他们学会了分辨有危险的和没有危险的蛇，并经常抓无毒的蛇来吃。新几内亚人了解了如何改变我们对蛇的本能恐惧，以及增强我们的大脑修改程序的能力，因此对蛇毫不恐惧。

所以，再恐惧的东西，只要我们掌握了一定的技巧和经验，我们也是可以逐渐淡化本能中的忧虑和惧怕的。

对空旷场地的恐惧

每个人都有自己害怕的东西，有时候，根据心理或者经历的不同，便会有不同的呈现。

A先生是一个斯文的中年男子，他不管到哪里都需要太太做伴，甚至连上厕所也不例外，夫妻两人真的到了"出双入对，形影不离"的地步。但与其说这表示他们恩爱异常，不如说是痛苦异常，要了解这种痛苦，必须从头说起。

据A先生说，他在25岁时，有一次单独走过市中心广场，在空旷的广场上，他突然产生一种莫名的惊惶，呼吸持续加快，觉得自己好像就要窒息了，心脏也跟着猛烈跳动，而腿则软瘫无力。眼前的广场似乎无尽延伸着，让他既难以前进，又无法后退。他费了九牛二虎之力，才好不容易"跋涉"到广场的另一头。

他不知道自己为什么突然会有那种反应，但从那一天起，他即对广场敬而远之，下定决心以后绝不再自己一个人穿越它。

不久之后，他在单独走过离家不远的桥时，竟又产生同样惊惶的感觉。随后，在经过一条狭长而陡峭的街道时，也莫名其妙地心跳加快、全身冒汗、两腿发软。

到最后，每当他要经过一个空旷的地方时，就会无法控制地产生严重的焦虑症状，以至于他不敢再单独接近任何广场。

有一次，一个女孩子到他家拜访，出于礼貌与道义，他必须护送那位女孩回家。途中原本一切正常，但在抵达女孩子的家门后，他自己一个人却回不了家了。

天色已晚，而且还下着雨，他太太在家里等了5个小时还不见他的踪影，于是焦急地出去寻找他。最后在广场边上，看到他全身湿透地在那里哆嗦打战，因为他无法穿越那个空旷的广场。

在这次不愉快的经历后，他太太不准他单独出门，而这似乎正是他所期待的。但即使在太太的陪伴下，每当他来到一个广场边时，仍然会不由自主地呼吸加快、全身颤抖，嘴里喃喃自语："我快要死了！"此时，他太太必须赶快抓紧他，他才能安静下来，而不致发生意外。到最后，不管他走到哪里，太太都必须跟着，就有了本故事开头的一幕。

"广场恐惧症"又叫"惧旷症"，本来专指对空旷场所的畏惧，但精神医学界目前已扩大其适用范围，而泛指当事者对足以让他产生无助与惶恐之任何情境的畏惧，除了空旷的场所外，其他如人群拥挤的商店、戏院、大众运输工具、电梯、高塔等，也都可能是让他们觉得无处逃而畏惧的情境。

惧旷症的一大特征是，他们的惊惶反应通常是在单独面对该情境时才会产生，如果有人做伴就能获得缓解，甚至变得正常，而且能让他免除这种畏惧的伴侣通常是特定的某一两个人。

精神分析学家因此认为，惧旷症可能是来自潜意识的需求，他们极度依赖某人，对他有婴儿般的缠附需求；但在意识层面，他无法承认这一幼稚的渴望，所以就借惧旷症的惊惶反应，使对方有义务必须时时和他做伴。本案例中的这位 A 先生，他的惧旷症从精神分析的观点来说，就是他在潜意识里对太太有婴儿般的依赖需求。

对于这种恐惧心理，患者要及时调整，可经常主动找出自己所惧怕的对象，在实践中去了解它、认识它、适应它，就会逐渐消除对它的恐惧。只有多实践、多观察、多锻炼、多接触，才会增长见识，消除不正常的恐惧感，避免它对学习、工作、事业和前途的影响。

与人交往产生的恐惧

有些人在实际生活中与别人打交道时充满了恐惧，这就是社交恐惧症。社交恐惧症通常起病于青少年期，男女都可能出现。青少年渴望友谊，希望广交朋友，但有些青少年一到具体交往时，如找人交谈，或者别人与自己打交道时，就出现了恐惧反应。表现为不敢见人，遇生人面红耳赤，神经处于一种非常紧张的状态。它往往会泛化，严重者拒绝与任何人发生社交关系，把自己孤立起来，对日常工作学习造成极大妨碍。

社交恐惧症的特点是强迫性的恐怖情绪，患者会想象出恐怖对象自己吓唬自己。例如，某大学有一女生性格内向，自尊心强。她总以为别人时刻在注意她，担心自己会出什么差错，让人瞧不起。后来，她暗暗爱上某男生，但又不敢表露，还怕别人知道这个秘密。一次，有同学开玩笑说："我知道你爱上他了，你别藏在心里！"她一听就心里发慌，担心别人对她评头论足。此后，她见人就躲闪，有人与她聊天，她就面红耳赤、心慌意乱，最后以至于见人就害怕。这是社交恐惧症的一个典型例子。

社交恐惧症是后天形成的条件（制约）反应，是经过学习过程而建立起来的。分为两种情况：一是"直接经验"。有道是："一朝被蛇咬，十年怕井绳。"青少年在交往过程中屡遭挫折、失败，就会形成一种心理上的打击或"威胁"，在情绪上产生种种不愉快的甚至痛苦的体验，久而久之，就会不自觉地形成一种紧张、不安、焦急、忧虑、恐惧等情绪状态。这种状态定型下来，形成固定心理结构，于是在以后遇到新的类似刺激情境时，便会旧病发作，心生恐惧感。二是"间接经验"，即"社会学习"。如看到别人或听到别人在某种交往情境中遭受挫折，陷入窘境，或受到难堪的讥笑、拒绝，自己就会感到痛苦、羞耻、害怕。甚至通过电影、电视、小说、广播、报刊等途径也可能学到这种经验。他们会不自觉地依据间接经验，来预测自己会在特定社交场合遭受令人难堪的对待，于是紧张不安，焦虑恐惧。这种情绪状态的泛化，导致了社交恐惧症。

社交恐惧症是一种因心理因素造成的心因性疾病，只要积极治疗，是可以治愈的。

1. 改善自己的性格

害怕社交的人多半比较内向，应注意锻炼自己的性格，多参加体育、文艺等集体活动，尝试主动与同伴和陌生人交往，在交往的实际过程中，逐渐去掉羞怯、恐惧感，使自己成为开朗、乐观、豁达的人。

2. 消除自卑，树立自信

对自己应有正确的认识，过于自尊和盲目自卑都没有必要，事事处处得体，求全责备也是没有必要的。可以暗示自己：我只不过是集体中的一分子，谁也不会专门盯住我，只注意我一个人的，摆脱那种过多考虑别人评价的思维方式。要记住：我并不比别人差，别人也不过如此，以此来增强自信。

3. 转移刺激

转移刺激即暂时转移引起社交恐惧症的外界刺激。由于外界刺激在一段时间内消失，其条件反射在头脑中的痕迹就会逐渐淡漠，有时还可消除。

4. 掌握知识

尽管都懂得开展社交的主要意义，但是有关社交的知识、技巧和艺术，以及相关的社会学、心理学和传播学知识却掌握得不够。所以应全面地掌握有关知识，真正明白道理，这对消除心病是大有裨益的。

5. 系统脱敏疗法

其一般做法是：先用轻微的较弱的刺激，然后逐渐增强刺激的强度，使行为失常的患者从有焦虑不安反应、逐渐适应，最后达到矫正失常行为的目的。引导患者先与家人接触，再与亲朋好友接触，然后再与一般熟人接触，最后与陌生人接触，一步步地引导脱敏，并通过奖励、表扬使其巩固成果。

第十章　让自己倾听心灵的声音

这些年来，我的座右铭一直是：纵浪大风中，不喜亦不惧，应尽便须尽，无复独多虑。处之泰然，随遇而安，则是唯一正确的态度。

——季羡林

（北京大学终身教授，著名教育家）

保持身心健康的统一

"祝您身体健康！"这是人们最常用的祝福语，可见健康对我们来说是十分重要的。健康是人类生存和发展的最基本条件，也是人生的第一财富。可是我们怎么才能知道自己是否健康呢？也许很多人会说："无病无灾、身体强壮就是健康。"其实，现代社会所说的健康，早已超出了人们的传统认识，它不仅指生理上的健康，还包括心理和社会适应等方面的完好状态，即包括身、心两个方面，并且心理健康已成为现代健康概念中一个不可缺少的部分。

世界卫生组织（WHO）对健康的界定是："健康乃是一种在身体上、心理上和社会适应方面的完好状态，而不仅仅是没有疾病和虚弱的状态。"就是说健康这一概念的基本内涵应包括生理健康、心理健康和社会适应良好这三个方面，表现为个体生理和心理上的一种良好的机能状态，亦即生理和心理上没有缺陷和疾病，能充分发挥心理对机体和环境因素的调节功能，能保持与环境相适应的、良好的效能状态和动态的相对平衡状态。

健康的含义：

身体各部位发育正常，功能健康，没有疾病。

体质坚强，对疾病有高度的抵抗力，并能吃苦耐劳、担负各种艰巨繁重的任务、经受各种自然环境的考验。

精力充沛，能经常保持清醒的头脑，精神贯注，思想集中，对工作、学习都能保持较高的效率。

意志坚定，情绪正常，精神愉快（这虽和思想修养有关，但身体是不是健康对它也有很大的影响）。

衡量身体健康的"五快"标准：

1. 快食

三餐吃起来津津有味，能快速吃完一餐而不挑食，食欲与进餐时间基本相同。快食并不是狼吞虎咽、不辨滋味，而是吃饭时不挑食、不偏食、吃得痛快、没有过饱或不饱的不满足感。如出现持续的无食欲状态，则意味着胃肠或肝脏可能出了毛病。

2. 快睡

快睡就是睡得舒畅，一觉睡到天亮。醒后头脑清醒、精力旺盛。睡觉重要的是质量，如睡的时间过多，且睡后仍感乏力疲劳，则是心理和生理的病态表现。快睡说明神经系统的兴奋、抑制功能协调，且内脏无病理信息干扰。

3. 快便

便意来时，能迅速排泄大小便，且感觉轻松自如，在精神上有一种良好的感觉。便后没有疲劳感，说明胃肠功能好。

4. 快语

说话流利，语言表达准确、有中心，头脑清楚，思维敏捷，中气充足，表明心肺功能正常。说话不觉吃力，没有有话说而又不想说的疲倦感，没有头脑迟钝、词不达意等现象。

5. 快行

行动自如、协调，迈步轻松、有力，转体敏捷，反应迅速，证明躯体和四肢状况良好、精力充沛旺盛。

衡量身体健康的"三良"标准：

1. 良好的个性

性格温柔和顺，言行举止得到众人认可，能够很快地适应不同环境，没有经常性的压抑感和冲动感。目标明确，意志坚定，感情丰富，热爱生活和人生，乐观豁达，胸襟坦荡。

2. 良好的处世能力

看问题、办事情都能以现实和自我为基础，与人交往能被大多数人所接受。不管人际关系如何变化，都能保持恒久、稳定的适应性。

3. 良好的人际关系

与他人交往的愿望强烈，能有选择地与朋友交往，珍视友情，有爱心，尊重他人人格，待人接物能宽大为怀。既能善待自己、自爱自信，又能助人为乐、与人为善。

心理因素影响人体健康

我们知道，人的心理状态是和人的全面心身状态紧密相连的，而且与人的健康状况也是密切相关的。

人的心理活动会影响神经系统（主要是脑），而神经调节是人体最重要的调节，因此，心理因素能够对生理产生作用。但是，一般性的心理活动不会给人的健康带来明显的影响，能让人察觉的影响人的身体健康的心理活动通常是强烈的、快速的或持久的。

美国生理学家坎农在20世纪初做过大量的实验研究，他发现人在焦虑忧郁的时候，会抑制肠胃的蠕动，抑制消化腺体的分泌，引起食欲减退；在发怒或突然受惊的时候，则会呼吸短促、加快，心跳激烈，血压升高，血糖增加，血液含氧量增加；突然惊恐时甚至会出现暂时性的呼吸中断，心电图会发生波形明显改变的现象。

为了研究心理活动对人的生理的影响，美国医生加里·赖特还专门研究了巫术治病的问题，并写了《巫术的见证人》一书。经过长期观察研究，赖特认为，巫师不管年龄大小、种族或性别，都是一个精明的心理学家，而且是个政治家、演员。他正确地指出，巫师的主要威力不是在于使用特殊的药物，而是善于使用心理分析和心理疗法，巫师所使用的巫术的本质是心理学和心理疗法的基本原则。巫师最常使用的两种基本心理疗法的机制是暗示和自白。巫师能使病人消除恐慌，能动员病人自身的生理潜能，使病人处于生理和心理亢奋状态，增强其信心，而这是一种完全符合心理分析和心理疗法的原则。

苏联心理疗法专家 B. 莱维在为《巫术的见证人》苏联译本加的出版前言中叙述了著名的暗示死亡的案例：有个被判死刑的杀人犯被告知用切断静脉法处决。行刑者在刑场向他出示了刑具——解剖刀，并明确暗示他静脉切开后过一段时间他就将死去。于是有人蒙上了他的双眼，接着有人用刀背在他的手臂静脉处划了一刀，但没划破皮肤，再用一股细细的温水朝他裸露的手臂上流去，让放在地上的面盆不断发出"血"滴落的声音。过了几分钟，犯人开始垂死挣扎，接着就断了气。通过解剖发现，犯人的死亡是由心脏停搏所引起的。

这个实验可靠地证明了暗示死亡的可能性，同时也证明了暗示的巨大力量。临刑前的暗示和模仿迫害使犯人相信死亡即将来临，死亡的"模式"完全控制了犯人的大脑，最后导致了犯人的死亡。由此可见，既然暗示可以"杀"死一个人，那么，暗示也可以让一个人活下去。而巫术正是暗示人们活下去的一种精神疗法，它是通过病人的心理活动而产生治疗效果的。

在生活中，你可能碰到过这样的事例：某个人能正常地过家庭生活和社会生活，正常地工作、学习和娱乐。但在偶感不适后去看病，却被发现得了癌症。在治疗过程中，这个人的身体迅速垮掉了，之后则很快衰竭，不久就死去了。可以想见，这与病人的心理恐惧、过度忧郁和他人对癌症过分夸大其辞的宣传对病人的心理的不良影响等心理因素有必然的联系。说得明确一点，就是病人心理上的自绝使其全身的生理发生了紊乱，从而降低了其对疾病的抵抗力，加速了病情的恶化。

在日常生活中，我们经常会遇到生病、失业、失恋等各种应激事件。面对应激事件，不同的人会有不同的表现。一般来说，应激事件会导致人精神紧张、焦虑不安。虽然应激状态能使人在特殊的环境中产生奇迹般的表现，但它同时也增加了心脏的负担，导致了人体生理系统的紊乱，并极有可能影响人体健康。

"装"出来的快乐也能真快乐

人的一生就像一趟旅行，沿途中有数不尽的坎坷泥泞，但也有看不完的春花秋月。如果我们的一颗心总是被灰暗的风尘所覆盖，失去了生机、丧失了斗志，我们的人生就会变得暗淡。但如果我们能保持一种健康向上的心态，即使我们身处逆境，也一定会有"山重水复疑无路，柳暗花明又一村"的那一天。

但就现实情形而言，人生不如意十有八九，面对悲观失望我们不能一味地呻吟与哀号，虽然那样能得到短暂的同情与怜悯，但改变不了什么。因此，我们要积极调整自己的心态，努力开拓，争取赢得鲜花与掌声。

在日常的生活和工作之中，我们要善于消除一些消极的心理暗示，多对自己进行积极的心理暗示，让自己转忧为喜，化苦为甜。心理学家认为，有效调整心态的途径就是，我们可以先假装自己很快乐，持续一段时间，我们就会感觉内心充满了真正的快乐。

一天早上，正值上班的高峰，北京某路公交车拥挤不堪，整个车厢里挤得水泄不通。这时，司机一个急刹车，站在门口的一个老先生一个趔趄差点倒在旁边一个小伙子身上。

老先生急忙寻找扶手以求支撑，没想到一把就抓住了扶手上一个年轻姑娘的手。还没等老先生开口道歉，这位穿着时尚的姑娘就骂着："你个老不死的，怎么回事，不行待在家里别出来。"

听到这句难听的话，车上的乘客开始为老先生打抱不平，纷纷谴责这位姑娘不礼貌。这位老先生却笑呵呵地劝大家说："别说人家姑娘了，我确实不小心碰到了她。其实我应该向她说'谢谢'，谢谢！"

那位姑娘顿时无话可说了。但老先生的这一反应把车上的人都闹糊涂了：别人骂他，他不但不生气，反而笑着感谢，有病吧？

这时，有一个人实在忍不住好奇，就问老先生："她刚才骂你，你怎么还谢她？"

老先生说："我确实老嘛，姑娘说了实话，'老不死'，再老都不死，姑娘这不是在祝我长寿嘛，所以，我要感谢她啊。"

听到这番解释，车上的人都笑了。那位姑娘却红着脸低下了头。

这位老先生明明知道那位姑娘在骂他，可他却故意把姑娘的话作出对自己有利的解释，假装别人在夸自己长寿。这样一来，不仅用幽默化解了被骂的尴尬，还调节了自己被骂后不快的心情。

心理学家认为假装快乐就会真的快乐。即使处于不利的环境中，如果我们能对自己进行积极的心理暗示，情绪和行为就会产生良性反应；相反，如果习惯使用消极的暗示，往往会把事情弄糟。

当然这种假装不是虚伪，其实是对情绪的积极调整。如果一个人总是沉浸在一种消极的阴郁的心理状态之中，就会使自己的情绪恶化。但如果善于积极主动地去改变这种消极的氛围，加一些积极的阳光的情绪在里面，就能使自己乐观起来。

当不顺利的时候，有些人就会说些消极的话，对自己进行否定，甚至进行全面否定。例如，"反正我认为不行"，使得本来可以做好的事也做不好了。

可见，消极的语言是一种消极暗示，说多了会导致自卑，使人意志消沉、信心减弱。所以，积极地赞美自己，发现自身的优点，对自己说一些赞美和鼓励的话，有利于发挥积极的心理暗示作用，化解不良的情绪。

每个人都有优点，有些人总是盯着自己的缺点看，从而产生自卑的心理。要克服自卑心理，就要学会发现自己的优点，并设法扩大。无论是多么微小的优点，都可以通过反复强调进行自我暗示，使自己获得自信。

心理学家认为积极健康的自我暗示，能把人带入天堂；消极有害的自我暗示，能把人带入地狱。我们要想形成一种积极、主动的做事习惯，就要进行自我正面暗示。这种正面的暗示可以调整情绪，增强自信。

在日常生活中，有的人与上司发生了一次口角，就对工作失去了信心；或是跟同事闹了别扭，就觉得上班没劲。其实这大可不必。当心情不愉快的时候，你不妨对着镜子练习笑，对自己说"我的心情很愉快，我要努力地工作"，可能你的不悦情绪就会渐渐消除。这样的话，无论客观的环境多么不如人意，我们只要善于进行积极的心理暗示，就会创造出快乐的心境。虽然每个人的人生际遇不尽相同，但只有自己才是自己命运的主人，只有你才能把握自己的心态，而心态塑造着自己的未来。当我们不快乐时，先不要说生活怎样对待你，而是应该想一想，你应该怎样对待生活。

不要暗示"无聊死了"

生活中，我们常常听周围的人这样说"生活太无聊了""真没劲""真是无聊死了"。每当人们在感觉生活空虚时，总会发出诸如此类的抱怨。这类人多是生活没有目标，缺少动力，所以常常有无聊之感。

心理学家认为无聊真的会导致人死亡。对此，相关人员曾经做过跟踪调查。伦敦大学学院流行病学和公共卫生系研究人员调阅 1985 年至 1988 年 35 至 55 岁接受"无聊感"调查的 7524 名公务员信息，并追踪他们二十多年后的健康情况。截至 2009 年 4 月，一些调查对象已经离世。

当年调查结果显示，每 10 名公务员中有 1 人曾在过去一个月内感觉无聊；感觉无聊的女公务员人数是男性的 2 倍多；年轻公务员和从事琐碎工作的公务员比其他人更易感觉无聊。研究人员发现，当年感觉"格外无聊"者的死亡可能性比感觉充实者高 37%。

研究人员通过多方调查还表明，无聊感强烈者与感觉充实者相比，因心脏病或中风致死的可能性高出 2.5 倍。因为那些对生活不满、感觉无聊的人很有可能养成吸烟酗酒等恶习，而这些因素会"折寿"。那么这些感觉无聊的人如何才能摆脱这种消极而又影响健康的感觉呢？专业人士认为要想走出"无聊"，步入"充实"，最关键的是"改变"。可以从以下方面作出改变：

做有意义的事。人们之所以感觉无聊主要是由于生活得太盲目，太散漫。所以不妨找一些有意义的事情去做，从中发现工作的价值，比如你可以到某个医院或学校做志愿者，从服务他人中寻找快乐。

做好职业规划。如果我们的工作处于停滞状态，无法从中获得快乐，就必须及时调整职业规划，拓展发展空间，从中重新发现工作的价值。

走出"舒适区"。如果生活太安逸了，没有新鲜感，久而久之，人们就会因生活平淡而整天抱怨。这时，我们就应该立即走出"舒适区"，可以去学习一项新的技能或者新知识。

打破常规。当我们感觉生活过于平淡时，应打破常规，去做些平常不做的事情，比如到一个特别向往但又没去过的地方旅行；给多年未联系的老友打电话；到一个离家较远的特色小店去淘物品等。

也许我们无法避免无聊的感觉，但我们可以利用运动来摆脱这种状态。因此，感觉无聊时不要坐着发呆，而应该主动去找事做。因为一旦运动起来，无聊感会减轻，充实感会随之而来。

喝水也能调节心情

我们都知道，水之于身体，就好像氧气般重要。给身体喝水，是延年益寿的不二法门；给身体喝水，是亮丽皮肤的基本原则。所以，人们喝水多是为了健康，为了美。但事实上，喝水还有利于调节人的心情。

专家通过多年的研究发现，当人长期处于同一种状态就很容易产生负面情绪，适当地变化一下自己的状态，心情会朝着积极的方向转化。我们都有过这样的经历：当我们遇到某些让我们紧张或者激动难耐的事情时，有时候喝上一杯水会让我们的情绪平复很多。这是因为，喝水这个动作阻断了情绪的连续性，给人提供了一个喘息休憩的空间，以此完成人体防御机能的自我调整。

专家认为，大脑制造出来的内啡肽被称为"快活激素"，而肾上腺素通常被称为"痛苦激素"。当一个人痛苦烦躁时，肾上腺素就会飙升，但它可以排出体外，方法之一就是多喝水。如果辅助体力劳动，肾上腺素会同汗水一起排出，或者大哭一场，它也会随着泪水排出。

英国东伦敦大学的研究发现，学生在考试前喝杯水，可以提高认知能力，使他们在考试中的表现更出色。而对于上班族，在压力过大或需要做决定之前喝杯水，可以帮助头脑变得清晰。

我们知道，在夏季时，炎热的天气易导致紧张和烦躁情绪的出现，这时如果多喝水，不仅可以补充身体流失的水分，还可以及时调整心情。

一个炎热的午后，丛菲和几位朋友约好了一起喝茶聊天。3点一过，只见一个朋友从屋外风风火火地进来了，嘴里不停地念叨着："这天气热死了，整个人都很烦，今天出去办了点事情，差点就和别人吵起来了。我都不知道自己到底是怎么了？"

丛菲这段时间可是经常听到身边的人如此抱怨。近来天气闷热，丛菲的心情也开始变得烦躁。直到有一天，她发现多喝水能调节自己的心情，就开始每天定量喝水。

想到这里，她对朋友说："我开始也像你一样心情总是很烦躁，但由于天气热老出汗，我就刻意地比平日多喝几杯水，以补充体内流失的水分。可没想到我的情绪也开始发生了变化，不再那么焦躁不安。你不妨也试试看。"

在炎热的天气中，人很容易出汗，体力消耗较快，我们要注意及时补充水分、多喝开水。喝水不仅有利于健康且可消除疲劳。

生活中，有些人总以为不渴就不必喝水，这是一种错误的认识。其实，当人们觉得口渴时，身体已经流失了至少1⁒的水分。香港卫生署曾做过一项调查，有1/3成年人每天喝水少于6杯。上班族工作忙碌，常常半天也顾不上喝一口水。因此，上班族应该形成良好的喝水和排尿习惯，每1小时喝一次水，每2～3小时排尿一次。

在日常生活中，你可能为吃一顿饭绞尽脑汁，却不会为喝一杯水煞费心思。大多数人觉得，喝水是件再简单不过的事，拿起杯子"咕嘟咕嘟"一杯水下肚不就完了吗？

其实，喝水的学问远不止这些，喝水的方式及喝水的时间和时机都会对健康产生重要影响。这里总结出以下几点注意事项：

睡前抿两口。当人熟睡时，由于体内水分丢失，造成血液中的水分减少，血液黏稠度会变高。因此，临睡前适当喝点水，可以减少血液黏稠度，从而降低脑血栓风险。

此外，在干燥的秋冬季节，水还可以滋润呼吸道，帮助人更好地入睡。但要注意，睡前喝水不能过多，如果因喝水过多而造成睡眠不好，反而得不偿失。

运动后小口喝水。运动过后，不宜一次性大量饮水。因为这时胃肠血管处于收缩状态，需要一个恢复过程。如果立即大量饮水，水分积聚在胃肠道里，会导致肚子发胀，影响消化。最好过几分钟，等心脏跳动稍微平稳后，再接着小口小口地喝些温开水。喝水时，尽量保持速度平缓，喝水的频率最好与心跳频率接近，再间歇式地分多次喝。这样，才能使心脏有规律、平稳地吸收进入体内的水分。

洗澡后喝水要慢。很多人洗完澡觉得渴，会端起杯子一饮而尽。专业医师认为洗完热水澡后，身体受热血管扩张，血流量增加，心脏跳动会比平时快些，喝水应特别小心。最好小口慢速喝下一杯温水，否则容易增加心脏负担。

便秘大口喝水。中医认为便秘的原因之一，是人体缺少津液，大口喝水能起到迅速补充津液的作用，从而刺激肠蠕动，促进排便。大口大口地喝水，吞咽动作快一些，这样水就能尽快到达肠道，刺激肠蠕动，促进排便。

感冒时多喝水。多喝水不仅有利于出汗和排尿，而且有利于调节体温，促使体内病菌迅速排出。感冒时多喝些水或纯果汁，对于疾病康复很有帮助，因为有助于冲走呼吸道上的黏液，让人感觉呼吸舒畅。此外，如果发烧了，人体出于自我保护机能的反应要自身降温，这时就会有出汗、呼吸急促、皮肤蒸发的水分增多等代谢加快的表现，需要补充大量水分。

轻声细语能让你快乐

如果我们认真观察周围的家庭，就会发生这样一个现象：那些脾气温和、对孩子说话柔声细语的家长们，通常给孩子营造一种和睦、幸福、快乐的家庭氛围；而习惯对孩子大声呵斥的家长们，通常给孩子带来的是温情不多、对人冷漠的家庭氛围。

心理学家认为，生活中的许多摩擦与冲突皆源于说话的语调。我们的说话方式事关周围每个人的幸福，自身的幸福也牵涉其中。比如，我们扔块骨头给狗，它会去抢骨头。但它只会夹着尾巴，叼起骨头走开，没有半点的感激之情。但若以一种轻缓的语调去呼叫它，让其从我们的手中拿走骨头，它就会表现出感激之情。

讽刺、尖刻、怨恨与不满的语调不仅是导致家庭不和睦的原因，而且人们说话的语调中透露出对别人的情感与态度。尖刻的语调，发出的尽是恼怒与不真诚的心理态度，这无疑是让人反感的。有时，当你觉得自己血管贲张、愤怒之火在心中燃烧时，只需人为地压低说话的语调，就可以缓解头脑发热的紧绷情绪。

容易动怒或是稍有抵触即怒气冲天的人，很少会意识到，若是任由愤怒的火焰肆无忌惮地蔓延，神经细胞将会被烧得短路，这将损害脑部敏感的机制。不久，他们就会难以自控，就像一个火药桶，随时都有爆炸的可能。要知道，没有比在愤怒时表现出的粗暴的品行更让人觉得羞耻的了。

若是所有家庭的成员在说话之时，绝不提高嗓门，那么，家庭中许多不和的场景都是可以避免的！若是母亲有吹毛求疵与惯于批评的喜好，那么就在你求知若渴的孩子面前，用最富亲和力的语调与充满爱意的言辞大声地朗读奇幻书籍上的内容吧。

有一位总是保持严肃、冷峻、威严表情的老妇人，邻居的孩子都害怕看到她这副表情，每次遇到她总是远远地避开。一天，她前去照相，在相机面前，她的表情还是依旧冰冷。当摄影师看到她这副表情时，从相机后面探出头，突然说："太太，请给你的眼神一点光。"她努力按摄影师说的做。

"脸上更加舒展点。"摄影师轻松地说，带着自信与命令的语气。

"年轻人，你这么对一个沉闷的老人发号施令，让人无法笑出来。"

"喔，不，不是这样的。这必须要从你的内心做起。再试一次，好吧。"摄影师以平缓的语调回答。

摄影师的语调与行为充满了自信的气息。她再次尝试了一次，这次比上次进步了许多。

"好！不错！你看上去年轻了20岁。"摄影师再一次用亲切而真诚的声音赞叹道。

老妇人带着一种奇异的心情回家。这是她丈夫离去之后，别人对她的首次赞美，这种感觉还真不错。第二天照片就冲洗出来了，照片中的她仿佛获得了第二次青春，脸上泛起了年轻时期久违的热情。她久久地注视着照片，然后用一种坚定的语气说："如果我能做到一次，那么也可以再做一次啊。"

她走到梳妆台的小镜子前，平静地说："凯瑟琳，笑一下。"苍老的脸上再次闪现出一道荣光。

"笑得灿烂点！"她用最温柔的语气对自己说道，脸上也随之闪现出一副淡定而富有魅力的笑容。

邻居很快就注意到其中的变化。他们都私下问她说："凯瑟琳小姐，您怎么一下子就变得好像年轻了好几岁呀，您是如何做到的？"

老妇人温和地说："这一切都要从说话做起，轻声细语可以让人内心更愉悦。"

老妇人从摄影师那里发现了重获新生的秘密，就是微笑着面对生活，轻声细语地对他人和自己说话。因为轻声细语时，人的心思一般会很谨慎，有利于营造一种恭敬、谨慎的氛围，对自己和他人都好。相反，大声地用命令的口吻说话，会给人一种不友好的感觉，不利于谈话的进行。

另外，科学家发现，如果人们在日常生活中，一直习惯用响亮的声音说话，很可能会影响体内免疫系统的运作。

因此，我们在生活中要学会轻松生活，温和表达自己的想法和观点，不与人发生争执。因为大声说话会导致心跳加速，并导致一系列潜在疾病的发作。

尝试多笑一笑

当看到有趣的事物或者觉得开心时，我们就会笑。人生来就会笑，但很少有人知道，笑也是一种很好的健身运动。如果在搜索引擎输入关键字"笑"，将会出现各种各样的与之相关的词语。

笑的种类的确很多种，科学家们对此众说纷纭。弗洛伊德、康德、柏格森等学者都对"笑"进行了较为深入的研究。每笑一声，从面部到腹部约有 80 块肌肉参与运动。笑 100 次，对心脏的血液循环和肺功能的锻炼，相当于划 10 分钟船的运动效果。可惜，成年人每天平均只笑 15 次，比孩童时代少很多。

心理学家们发现，笑是人类与他人交流的最古老的方式之一。最近有研究结果表明，经常笑可以提高人的免疫力。因此，笑受到了很大的关注。可是，我们到底为什么会笑呢？据科学家说，地球上的生物中，只有人类和一部分猴子会笑。的确，我们从没见过鸡或鸭子笑，如果有会笑的青蛙，那也怪吓人的。

人的笑来源于主管情绪的右脑额叶。每笑一次，它就能刺激大脑分泌一种能让人欢快的激素——内啡呔。它能使人心旷神怡，对缓解抑郁症和各种疼痛十分有益。

吴波正走在下班的路上，在一个街角处准备拐弯回家。突然，有一个身穿黑衣、凶神恶煞的大汉站在到他的面前，吴波心头马上涌起一种不祥的预感，心想，这个人到底想干什么？抢钱还是打架？于是，他马上提高了警惕，心跳加速，变得紧张起来。

就在吴波准备拿出手机报警时，没想到那人忽然面带微笑说："我想去交通路的蒂湖花园小区，你能告诉我应该坐哪路公交车吗？"吴波听到这句话后，变得不再紧张了。于是，吴波耐心地告诉他，过前面的路口坐19路车就行。

那人离开时，还很礼貌地向他道谢。这时，吴波忍不住笑了。

由此可见，人在感到危险时会紧张，但当发现危险并不存在时，就会自然而然地笑出来。在心理学中，对这种状况的解释是：笑是缓和某种紧张状态的方法，人通过笑可以达到心理上的平衡。"讨好地笑"和"谄媚地笑"也是缓和紧张状态的方法。

如果我们对着镜子认真观察，就会发现只要发笑，嘴角和颧骨部位的肌肉便会跟着运动。笑其实是一种保持青春的美容操，可以释放紧张的情绪，缓解压抑的心情，有利于人的身心健康。

笑可以缓解压力。笑是一种健康的情感表达方式，可以使肌肉放松，减轻各种精神压力，驱散愁闷。对于内向的人来说，对人微笑有助于克服羞怯情绪，可以促进与人之间的交际。

笑能缓解疼痛。长期伏案工作者，由于颈、背、腰肌长期处在固定位置，过分的紧张和收缩容易引起头痛和腰背部酸痛。有这种职业性肌肉劳损的人只要笑口常开，无疑会从这种特殊的运动中大大获益。因为笑可使一些部位的肌肉收缩，使另一些部位的肌肉放松，是一种缓解痉挛性疼痛的妙法。

大笑有助呼吸。笑作为一种有效的深呼吸运动，已被越来越多的人所认识。开怀大笑时，随着呼吸肌群的运动，使胸腔和支气管先后扩张，不仅增强了换气量及血氧饱和度，有助于心脏供氧，而且对哮喘和肺气肿病人也有一定的治疗作用。

此外，笑伴随着腹部肌群的起伏，是一种极好的腹肌运动。腹肌在大笑中强烈地收缩和震荡，不仅有助于把血液挤入胸腔静脉，改善心肌供血，对胃、肠、肝、脾、胰等也是一种极好的按摩。

笑有助于美容。因为笑的时候，脸部肌肉收缩，会使脸部更有弹性。俗话说得好："笑一笑，十年少。"当你笑的时候，大脑神经会放松一会儿，从而使大脑有更多的休息时间。

学会赞美自己

当你站在镜子前发现自己沮丧的一张脸的时候，有没有想过跟自己说一声："我很棒！""我能行！"有没有想过试着赞美自己，让自己沮丧的心情变好呢？或许有人会发出这样的疑问，哪有可能那么容易赶走坏心情？事实却并非如此，赞美往往能发挥意想不到的效用！

在上班的路上，晓昕看见一个年轻的妈妈带着自己年幼的儿子在家门口学习走路。当小孩扶着妈妈的手时，敢大胆地迈步往前走。一旦妈妈把手拿开，他便站在那儿不敢往前迈步。孩子的妈妈并没有着急着过去扶他，而是蹲在前面不远处，鼓励着他："宝宝真厉害，宝宝一定能走过来。"

晓昕心想孩子那么小，哪懂得这些鼓励的话啊，这招肯定不管用。谁知过了一会儿，小孩居然真的在妈妈的鼓励下向前迈出了一小步，晃悠悠地往前走，最后一下子扑到母亲怀里。

"宝宝真棒！"年轻的母亲又不住地赞美着自己的儿子，孩子"咯咯"地在母亲的怀里笑着。

那一刻，晓昕觉得很不可思议：怎么年轻妈妈的几句赞美的话竟能起到这么大的作用，使一个还没学会走路的小孩鼓起勇气往前走？

小孩子如此，大人又何尝不是呢？可见，赞美的力量多么惊人。

马克·吐温曾说过这样一句："只凭一句赞美的话，我可以多活三个月。"人人都渴望得到别人的赞美，赞美是一种肯定，一种褒奖。工作中听到领导的表扬，我们干活便特别带劲；生活中听到朋友的赞美，心情就能舒畅好几天。因此，适时地给自己一句赞美，面对困难、面对不快的时候就更有勇气面对。可是，赞美自己也是有技巧的。

赞美就像照在人们心灵上的阳光，能给人以力量。没有阳光，我们就无法正常发育和成长。赞美能给人以信心。没有信心，人生之船便无法驶向更远的港湾。在快节奏的大城市生活，大多数人都会患上一些情绪综合征，烦恼时常跟随。为什么会有这种情况呢？原因大致有三：过于追求完美、过度自卑、过度关心自己。

过度追求完美的人，往往要求自己做的每一件事、说的每一句话都必须十全十美。一旦有一点小错就会责备自己，情绪变得低落。不如让自己试着放轻松，暗暗地告诉自己，"我已经尽力了！"再试着给自己一个宽慰的微笑，这样你的心情就会变好很多。

过分自卑的人，会特别害怕出现在社交场合。因为他们总是担心自己做不好，担心自己会给别人留下不好的印象，担心自己会让别人感到尴尬。这和一个人过分在意自己的容貌、口才、自我表现力等有关，因为对自己不自信，所以会对自己作一些消极的评价。那么试着发现自己身上的闪光点吧，没有一个人是毫无特色的。所以，找出自己最优秀的部分，告诉自己，虽然我在某方面不足，但在这方面却能做得很好。要记住一句话，没有一个人能让全世界的人都喜欢他。做好自己，做自己该做的事就好了。

有些过度关心自己的人往往很容易产生忧虑和烦恼。这种情形跟追求完美主义倾向有共通之处，那就是非常在意自己身体的完全健康与舒适感。当一个人发现自己有任何的身体不适症状时会非常紧张，并马上去医院检查。那么，这时试着告诉自己，我虽然感觉到不适，但我的身体抵抗能力很好，不用担心，小病很快就会痊愈的。

其实，归根到底，人之所以会焦虑、会担心、会害怕，是因为在潜意识中我们都渴望过一种自由自在、无忧无虑的生活。我们在面对可能发生的消极的事件或克服此事件产生的后果时缺乏信心，潜在的不自信使我们的思想、行为、情绪变得紊乱。因此，只要先弄清自己焦虑、不安的原因，再分析自己为什么会这样，之后针对自己不安的原因，用含有鼓励意味的词语安慰自己。如果自己还是觉得很害怕，那不妨试着这么告诉自己：纵然我所怕的事情真的发生了，或是最坏的结果发生了，是否真的是那么可怕？他人不是也有过这样类似的遭遇？他们不是照样过得好好的吗？如果真的发生了，我以后真的就无法活下去了吗？如果再不行的话就问问自己，害怕死亡吗？如果不怕的话，那就告诉自己，我连死都不怕，还有什么好怕的！

所以，要赞美自己，就学着先把自己看破了，把事情看破了，那你还担心自己不快乐吗？

心理健康一样很重要

在中国传统文化中，人们总是把身体健康放在第一位，对自己的身体呵护备至，却忽略了自己的心理健康，或者把心理健康问题当作身体疾病来对待。特别是现如今，诸如食疗药疗、气功坐禅、减肥健身、瑜伽等各种养生之道层出不穷，这充分说明了人们对身体健康的热切关注。重视身体的健康无可非议，但有识之士的冷静思考和触目惊心的事实不能不让我们发出这样的呐喊：人的心理健康与身体健康是密切相关的，我们不能忽视人的心理健康！

心理健康与身体健康是同等重要的。心理健康是身体健康的精神支柱，身体健康是心理健康的物质基础。身体是生命的物质载体，没有身体，生命就无法存在；心理则是生命的精神载体，没有良好的心理素质，其他一切也将失去存在的意义。一个人身体与心理都健康才称得上是真正的健康。身体健康与心理健康是互相依存、互相促进、相互制约的，就犹如一枚硬币的两面，二者缺少哪一面都是不完整的。

身与心是无法分开的：身体疾病可以导致心理问题，而长期累积的心理问题形成心理障碍，无疑又会对身体健康造成负面的影响。"笑一笑，十年少；愁一愁，白了头。"这句话形象地说明了心理与身体健康的关系。我国古代的医学经典《内经》认为，人的情绪、情感、思维等心理活动会影响身体健康，指出："怒则气上，喜则气缓，悲则气消，恐则气下，惊则气乱，思则气结；大怒伤肝，暴喜伤心，思虑伤脾，悲忧伤肺，惊恐伤肾。"即七情过度百病增。《内经》还特别强调："心者，五脏六腑之主也，故悲哀忧愁则心动，心动则五脏六腑皆摇。"现代医学更进一步证明了心理健康对身体健康的重要影响，如高血压、心脏病、癌症、溃疡症、结核病、支气管炎等疾病都与心理健康有关。有的学者指出："情绪可能是癌症细胞的促活剂。"有研究表明，具有什么性格的人容易得什么样的病，是有规可循的。更有专家指出，人体 70% 左右的疾病是由心理因素引起的。

关于心身健康的关系，有位心理学家曾做了个有趣的实验：他把同一窝出生的两只健壮的羊羔安排在相同的条件下生活，唯一不同的是，在一只羊羔的旁边拴了一只狼，而另一只羊羔旁边没有。前者在可怕的威胁下，本能地处于极其恐惧紧张的状态，很少吃东西，于是逐渐瘦弱下去，不久就死了。而另一只羊羔则由于没有狼的威胁，没有这种恐惧的心理状态，一直生活得很好。

现代有关医学和心理学的研究都表明，人们的身体健康与他们的心理健康状况密切相关。20 世纪 70 年代，医学研究人员有两项重大的发现：首先，大脑中的同一化学物质不仅调节身体的免疫系统，同时还影响人们的思维和情感。这意味着人们的心理状况和生理状况有着非常紧密的联系。其次，这种化学物质不仅存在于人的大脑中，而且在身体的各个系统中循环传递，包括免疫系统。这意味着人们的生理状况和心理健康状况之间可以互相影响。

心身疾病是对这一关系的一种证明。心身疾病是指那些发病、发展、转归与治疗都与心理因素密切相关的疾病。负面的心理活动如消极的情绪、长期的焦虑、巨大的精神压力等会导致不良的生理反应，这种生理反应如果持续过久，就会导致躯体的损害，甚至造成身体器质性病变。常见的心身疾病有溃疡、炎症、高血压、心脏病等。而另一方面，乐观、积极的心理状态又可以预防疾病，在患病的康复治疗中有时可以起到药物甚至手术都无法达到的作用。

由此可见，身体健康和心理健康是密切相关的。因此，我们不仅要关心身体健康，也要像关心身体健康那样关心心理健康。

第十一章　懂得宣泄压力的人更健康

这是一个焦虑的时代，几乎所有的行业都说自己压力很大，需要找心理学家帮忙减压，其实心理学家压力也很大。我们这个时代充满了机遇和诱惑，可能一夕之间就得到自己想要的东西，也可能经不住诱惑。而这一切都使得我们更容易焦虑。

——徐凯
（北京大学临床心理学博士）

压力带来负面影响

生活中，遭遇压力是不可避免的，人们在压力下通常会有一些生理反应和表现，通常人们的表现有：心跳开始加快；呼吸开始急促；肌肉紧张并准备行动；视觉变得敏锐起来；胃里打鼓；开始出汗……其实压力也不一定带来负面影响，压力可以是正面的，可以是有益处的，更可成为原动力，促使我们达到追求理想的生活目标。

若完全没有压力，人们可能停滞不前，没有进步。能否化压力为动力，取决于一个人的反应和处理方法，如果能适应转变、疏解压力，则压力反可激励斗志，开发人的才能和潜能，提高效率。

每一个人都经历过不同程度的紧张时期，如面临升学考试、第一次应聘、第一次在工作会议上发表个人意见、演讲或赴重要的约会途中遇上大塞车，等等。

无论导致紧张的原因是什么，当人处于紧张状态时，便会分泌受压激素，例如肾上腺素，并有以下的类似反应：呼吸急促，透气困难；心跳加速，口渴；肌肉紧张，尤其是额头、后颈、肩膀等部位的肌肉；小便频繁；不自觉的反应，胃酸分泌增加、血压升高、血液中化学物质的转变，如血糖和胆固醇的浓度提高、受压激素的分泌等。这些身体征兆，像红灯一样，提示我们自己的身体已经进入紧张状态之中。

这些反应跟我们在洞穴居住的祖先一样，即做出"作战或逃避"的反应，在预备面对紧急事件时，做出快速的反应。例如，当人在森林中遇上正觅食的老虎，他做出的反应，可能是拔腿飞奔，或是留下与老虎搏斗，无论是哪一个反应，"作战或逃避"的生理反应能使你的身体有能力、快速和有效地做出反应。你可能也经历过赶工或赶功课，事后惊讶自己的高效率，这其实是受压时的生理反应在帮助你。

不过，受压时的生理反应是针对身体上的危机，而不是心理上的危机，更不是心理上的挑战或压力。在当今社会，我们所遇到的压力，大部分是心理或精神压力；当我们受压时，身体不一定能"作战"或"逃避"，尤其我们都是"有文化"的人，讲话和行事都要有文化、有教养。例如，当我们在工作中感受到压力，不能一走了之，更不能用拳头解决问题。

当我们感受到压力的时候，身体会本能地做出反应，但这些反应，却没有引起人们的足够重视，让人们忽略了，时间长了，渐渐累积在身体里，影响身体健康。长期性的压力，如果处理不当，就会导致身体上的不适，甚至是病痛（身心疲惫），又会使工作能力降低，影响人际关系。

很多临床实践和研究显示，长期处于紧张状态之中的人，患上身心病的机会比较高。除了长期性的压力，压力的程度与身心健康的关系也非常密切。胃溃疡、高血压、心脏病、腰颈背痛、紧张性头痛、哮喘都是身心病的例子。有报告显示：压力引起内分泌和免疫系统失调，身体的免疫能力下降，是类风湿性关节炎、癌症等疾病的诱因。

压力对身体的影响，主要是由于人的紧张所带来的生理反应，没有充分被认识到，而做出积极的反应，使身体不断停留在一个亢奋的状态，就算压力消失，也不能回复松弛状态。

冠心病、瘫痪性中风、高血压等循环系统毛病与压力的关系并不难理解。由于紧张导致血管壁收缩，血压升高，血液中的胆固醇提高，长期如此便使循环系统发生毛病。精神紧张导致胃酸过度分泌，刺激甚至侵蚀胃壁，最终会演变成胃痛、胃溃疡。紧张性头痛、背痛及颈硬背痛都是由于长期肌肉收缩所导致的。免疫力的降低会引起哮喘和敏感。

当然，生活压力是这些病痛的其中一个成因，要预防身心病，其他方面的配合是非常重要的，如均衡饮食、多运动等，都有助于降低患上身心病概率，最重要的，是我们要学会为自己减压，不要让自己成为压力的奴隶。

正视负面的情绪

我们的情绪包括了许多方面：高兴、紧张、恼怒、胆怯、报复心……当然，也包括愤怒。

与好的情绪相比，我们要想让自己心平气和，就更要正视自己的负面情绪。

很多人总是否定自己的负面情绪，可事实上，这些负面情绪并不会因为我们的否认而消失，只会在潜意识中隐匿起来，悄悄影响我们对自己的认同感。越是负面情绪越值得我们去承认，因为只有承认它们，我们才能战胜它们。

如果我们故意忽视负面情绪的存在，它们就会尽量唤起我们的注意，当我们的注意力稍微松懈的时候，它们就立即从潜意识里重新浮现出来。为了压抑它们，我们需要付出更大的精力，而这种付出完全没有意义。

诗人罗伯特·布莱把负面情绪形容为"每个人背上负着的隐形包裹"。布莱认为，在生命的前几十年里，我们总是努力想把包裹填满，而在生命的后几十年里，又会努力把包裹清空，减轻肩上的负担。

大多数人都对自己的负面情绪感到恐惧，不愿正面以对。殊不知，只有正视这些负面情绪，我们才能找回完整的自我，才能获得真正充实幸福的生活。

在生活中，总有人对我们说，不要心存报复，不要生气，不要紧张……越是这样，我们越觉得自己一定是个缺点满满的人。于是，我们努力地压抑这些负面的东西，但在压抑负面情绪的同时，我们也压抑了与它们对立的那些积极因素。就像我们感觉不到自己的美，因为我们花了太多的精力掩饰自己的丑。

因为我们花了太多的精力来掩饰这些负面情绪，所以对于那些不小心把缺点暴露出来的人，总是十分鄙夷。我们变得越来越愤世嫉俗，甚至在我们的眼里，世界上根本没有一个人能够让我们顺心，整个世界对我们而言就是一个糟糕的地方。

带着这种愤懑，很多人越来越觉得上天不公。因为生在了错误的家庭，遇见了错误的朋友，生活在错误的地方，去了错误的学校念书……

就这样，我们掉进了"如果"的陷阱——"如果……我就可以……"可是，即便是假设再多，也丝毫不能解决问题。

现代社会经常会给人一种假象，似乎只有完美的人才能得到幸福。许多人在追求完美的过程中损失惨重，却总是难以如愿。为了装出一副完美的样子，他们的身体、精神和心灵都承担着重压。

一位医生曾这样描述自己的病人：我遇到过许多被病痛、失眠、抑郁症和人际关系问题所困扰的人，这些人从表面上看来都很完美——从不对别人发脾气，甚至祈祷也是为了别人。

但其中的一些人却患上了癌症，却不知道为什么，他们只是一个劲儿地抱怨上天不公。

其实，这些人并不是没有愤怒，只是这些东西受到的压抑太严重，在他们的潜意识里隐藏得太深，以至于他们自己和别人都无法意识到其存在。他们从小接受的教育要求他们先人后己、无私奉献，因为"这才是好人应该做的"。结果，在努力做好人的同时，他们逐渐丧失了完整的自我。对于这些人来说，最重要的是从这种状况中解脱出来，重新认清自己。他们需要学会原谅自己，允许自己在适当的时候表现出愤怒，因为只有这样，他们才能建立起真正的自尊和自爱。

我们之所以要正视这些负面情绪，为的是找回完整的自我，结束生活中的痛苦，让自己不必再欺骗自己，也不必再欺骗整个世界，让自己变得平静。

另类快感的来源

2002年10月，某大学发生了一件奇怪的盗窃案。仅两个月的时间，一新生女寝室频繁被盗，被盗次数达20余次之多。奇怪的是，被盗钱物每次价值均在百元以下，被盗物品仅仅是日常生活所需的牛奶、水果、零钱等，而放在寝室的大额现金及银行卡、手提电脑等贵重物品却没有被盗。

经过一番调查，疑点开始集中到一名叫芸的女生身上。当名单报上去时，学校却惊呆了：芸在学校各科成绩都非常好，学习也特别刻苦，是什么原因让这个尖子生走上这条路呢？是贫穷，还是其他？

起初，芸不承认。后来辅导员反复地做思想工作，她才开始认错。当问到偷盗的目的时，她的回答令在场的每一个人吃惊。她说，她从不缺吃少穿，她偷东西仅仅是为了报复周围的人，从中找到快感。

为什么学习上一向表现优秀的芸会有这种大家所不齿的行为呢？主要是因为芸总是对身边的人无法产生信任感，甚至充满敌意。在偷窃中她觉得自己实现了对他人的报复，于是充满了胜利的喜悦。

那么又是什么原因，让芸形成这种孤僻的性格、在人际交往中始终对人充满敌意呢？在调查访谈中，我们了解到，芸这种对他人的敌意，是从小时候耳闻目睹了别人对母亲的不公后开始的。

芸的母亲能干善良，对邻居特别友善，但是她却一直生活在别人的嘲笑与轻视里。大一点她才知道，别人看不起母亲，仅仅是因为母亲生得特别矮小，五官看上去有一些不协调。

从初中开始，芸一直发奋读书，期望考上好的学校后以自己的能力向别人证明自己，也为母亲讨回面子。但是尽管成绩再好，因家庭环境的影响，同学仍然看不起她。

在学校，她常常一个人独来独往，给同学的印象是性情冷僻、不好相处的那种。所以，在学校里几乎没有人愿意和她做朋友。有时，她甚至觉得周围的同学都在私底下取笑自己、取笑母亲。

在这种环境下，她常常感到自卑和绝望，似乎无论自己如何努力，也摆脱不了别人轻蔑的眼光。在压抑与愤怒之中，她便想到了报复。

不管是邻居，还是同学，谁看不起她，她就偷谁的心爱之物。她发现，每偷盗成功一次，她就能从中获得到一种极大的快感。

有专家指出，发生在这名女生身上的这种偷窃属于心理不卫生行为。很多时候，事发后，有这样畸形偷窃心理的人，无一例外地受到学校的严厉处分。若他们的心理得不到及时疏导，很容易发展成为严重的抑郁症。

正确的做法应该是给他们更多心理上的关爱，找到他们心理问题的根源，对症下药，及时给予心理的疏导和指引，让他们回到正确的人格轨道上来。作为父母，在事发之后，应避免打骂或羞辱孩子，而应站在孩子一边，给孩子更多理解和帮助。而作为学校，应建立有效的心理疏导机制，让孩子在遭遇精神苦闷时能找到倾诉对象，大胆讲述自己的精神障碍，促进孩子健康人格的形成。

很多孩子犯错并不仅仅是他们自身的错，而是我们教育的一种失误，在重视对孩子的智力教育的同时，孩子的健康人格教育应引起家长、学校、社会的关注。

冥想可以控制忧虑

生活中，有些人会有异常多的忧虑，他们被称为心胸狭窄或者好做消极思考的人。这类人经常会因尚未发生的事情而战战兢兢，往往无法接受不久的将来有可能在自己身上发生的一些不好的事情。

那么，如何摆脱这些忧虑呢？

美国知名经济类杂志《商业周刊》上说："通过冥想教育，许多经营者都不约而同地察觉到，公司员工的决断力和共通能力都大有提高。"

因此，为了能够有效地消除员工的烦恼，提高工作效率，美国企业在其经营当中积极运用冥想教育。

冥想的一大优点就是不受时间和地点的限制。有研究结果显示，冥想对于身体和心理都有着积极的影响。多虑的人主要将自己的能量消耗在担心某些事情上，因此，他们经常会感到头痛或浑身乏力。而且这些心里充满了忧虑的人，也很难全身心投入到所从事的工作当中。

冥想，主要分为集中冥想和智慧冥想。集中冥想是指集中精神、维持平稳心态的方法；智慧冥想则是指通过感觉身体和心灵上的变化，最终达到一种无常和无我的超然境地。

冥想时，穿着要舒适，需要安静的环境。然后，双目闭合，双腿盘绕，伸直脊椎，放稳心态，开始感受自己的呼吸。

冥想时，最好将自己的意识置于鼻尖，或者胸部。

撒娇也能释放压力

人只要生活在这个世界中，就不可避免地需要和自己、和他人建立亲密、和谐的关系。但快节奏的生活往往会使人承担着来自学业、职场、家庭等很多或重或轻的压力。这时，适当向自己撒撒娇，可释放压力，肯定自己，增强信心；向他人撒撒娇，弱化自己的气场，可强化人际关系，舒缓他人给你带来的压力。

很多人都认为撒娇只是心智不够成熟的人喜欢做的事，甚至有些成年人觉得现在再向父母、恋（爱）人、朋友等撒娇是件很伤面子、很令人难堪的事。所以，一些难以说出口的压力就一直在内心积淀着，难以找到发泄的突破口。

可是，你知道撒娇也是一种舒缓压力、释放压力的好方法吗？很多难以言说的话语，通过撒娇巧妙地发泄出来，能达到意想不到的效果。

很多人也觉得撒娇只是女生的专利，一个大男生如果对着家人、朋友、上司撒娇是件很"娘"的事，特没面子。然而在情侣相处时，男生撒撒娇也不是件丢脸的事。徐志摩就说过这么一句经典的撒娇的话："别拧我，疼。"别小看这类肉麻的撒娇方式，这是恋人相处的润滑剂。一句"我的心还在痛""为你弄伤的手还在痛"等，让人听了就不免会生出怜悯之心。痛的表面信息是静态的受伤，背后却暗示"我是个弱者"的主动柔攻，暗藏的指令是："你可要宠我。"

如果两个人刚好处于情感的低潮期，或者刚好吵架冷战，一句"我病了，我痛"能够勾起对方的关怀，起到挽回破裂关系的妙用。因此，只要无伤大雅，男女朋友之间私密的撒娇话，通常是最有效的降温药。男生若能巧用撒娇这招，挽回女生的心也绝不是件难事。

在感情关系上，如果能把这种撒娇哲学运用得当的话，缓解情侣间相处的压力不是件难事。其中，最有效的当属"痛症"的活用，这是男女互相修补关系最常用的撒娇绝招。

有些人会说，对着恋人撒娇那是无可厚非的事，但你能对着老板、同事撒娇吗？不行吧，所以职场压力还是没解决啊！是谁说职场上就一定得以强碰强呢？我们应该学会以柔克刚。

大部分职场中人觉得压力最大的莫过于人际关系。想要有良好的人际关系，就要学会沟通，而偶尔适当地撒个娇对沟通有益无害。

撒娇之术的高明之处在于能够缓解相处过程中带来的压力，还能给足彼此面子。撒娇术练到高明至极的人是最懂维护面子沟通心理学的。给个面子，万事好商量。客户高兴，老板有面，一切矛盾、冲突和个人问题都在言谈之中悄然化解，变得容易协调。职场上撒聪明的娇能制造双赢局面，一方面既克制自己，又降低了攻击性；另一方面则容易赢取对方的信任。

在职场上，如果事事追求完美，不仅会在无形中使自己备感压力，而且会使自己与同事的关系难以融洽相处。人对于过分追求完美的人总是心存距离，这样容易被同事排挤，如果事情无法达到自己想要的要求的话，则会打击自己的信心，无形之中压力就会越积越多。

怎样才能改变这种局面呢？适当地调整自己的心理，以无伤自尊又不失大雅的方式撒个娇，把荣誉让给同事、领导。能维护他人的面子和权威，工作气氛良好，才能有力地缓解自己周围环境所带来的压力，才有助于自己掌握提升的机会。给足他人面子，才能获得更多的发展空间。

说到底，改善心理的最高境界是自疗，也是最彻底最有效的治疗态度。人活得最自在的状态是自我认同、自我满足。要做到这点，向自己撒个娇也是一种有效的办法。

我们每天想得太多乐得太少，压力就像空气般环绕在周围，这时，和恋人撒个娇，可以舒缓压抑和不安情绪。

如果还是做不到向他人撒娇的话，试着跟自己撒个娇，例如说"今天好累呀，你就让我休息一晚，明天再奋斗吧""今天我才不要让自己煮菜做饭呢"……把自己不想做的事、不想说的话、不想见的人暂时放下，跟自己撒个娇，不硬逼着自己承受一切。你会发现，其实生活中并没那么大的压力。

有时要"看小"一下自己

如今，越来越多的人倾向于追求一种完美的生活，无论是自己的外表、工作能力还是人际关系，都希望自己达到完美状态。但一个人若刻意追求"面面俱到"，欲使自己在人前人后占尽风光，其结果只能是徒耗精力，使自己备受压力。

一位作家的寓所附近有一个卖油面的小摊子。一次，这位作家带孩子散步路过，看到摊子的生意极好，所有的椅子都坐满了人。

作家和孩子驻足观看，只见卖面的小贩把油面放进烫面用的竹捞子里，一把塞一个，仅在刹那间就塞了十几把，然后他把叠成长串的竹捞子放进锅里。

接着他又以极快的速度，熟练地将十几个碗一字排开，放盐、味精等佐料，随后他捞面、加汤，做好十几碗面的时间竟不到五分钟，而且还边煮边和顾客聊着天。

作家和孩子都看呆了，当他们从面摊离开的时候，孩子突然抬起头来说："爸爸，我猜如果你和卖面的比赛卖面，你一定输！"

对于孩子突如其来的话，作家莞尔一笑，并且立即坦然承认，自己一定会输给卖面的人。作家说："不只会输，而且会输得很惨。在这个世界上我是会输给很多人的。"

之后，他们在豆浆店里看伙计揉面粉做油条，看油条在锅中胀大而充满神奇的美感，作家就对孩子说："爸爸比不上炸油条的人。"

他们在饺子饭馆，看见一个伙计包饺子如同变魔术一样，动作轻快，双手一捏，个个饺子大小如一、晶莹剔透，作家又对孩子说："爸爸比不上包饺子的人。"

例子中的父亲是个能坦然承认自己技不如人的人。他适当地"看小"了自己，没有事事都要求自己得强于他人，得尽善尽美。他还言传身教地把这种豁达的生活态度教给自己的孩子，使他在今后的生活中，能坦然面对自己的弱势，不因虚荣而盲目与人、与自己较劲，这不能不说是一种明智之举。

父亲在坦然面对不足之处的时候，也给自己卸下了不少压力。他不用为了让孩子觉得他是全世界最强的人而让自己学习更多他本来就不会的东西，不用为了维护自己高大的形象而不断地逼迫自己承担本来没必要承担的责任。

人真的没有必要妄自尊大，适当地"看小"自己，能使自己免于承担一些本来不必要承担的责任。要知道，完美只是一种理想境界。人可能接近完美，但不可能达到完美。美国前总统富兰克林·罗斯福曾这么对民众坦承——如果他的决策能够达到75％的正确率，那就达到了他预期的最高标准了。

罗斯福尚且如此，我们又何必对自己一味地苛求呢？当我们每完成一项工作以后，可以反思，也应该总结，但千万不要因一点小小的缺憾而自责。试想，当你因过分追求完美而陷入自责的怪圈，到时懊悔、伤心、失望，种种负面情绪堆积成的压力都快把你压得透不过气，你还有闲心思去改进工作吗？

所以，适当地把自己"看小"，把自己放低，不刻意地追求完美，甚至学会放弃，这对于压力的缓解是有益无害的。"塞翁失马，焉知非福。"我们要学会放弃，为得到而放弃。生活中，大部分人心里都在想如何更多地"拥有"，如面子、金钱、地位、权力、信任、知识、经验、能力、学历、人际关系，一样都不能少，全部通吃最好。结果是拥有得越多，心理包袱就越大、越重。

事实上，拥有其中的某些对自己来说是最重要、最有必要的东西，已经足以让大部分人感受到幸福了。所以，放弃一些对于自己来说是不那么重要、不那么必要的，人也就会轻松得多。

当人们放眼这个世界的时候，如果以自我为中心，就会觉得自己很了不起。可一旦人们以坦诚的心去内观自己，就会发现其实自己是多么的渺小。我们什么时候看清自己不如人的地方，那就是对生命真正有信心的时候。

大部分人都明白，生活不是为了工作，而工作是为了生活。如果本末倒置，仅为工作而生活，就徒然让自己陷入压力怪圈。适当地"看小"自己，该负责的工作认真完成，不属于自己工作的范畴，如果有兴趣便试着学习，如果没兴趣就不用强迫自己去接受。

如果人总在追求完美，死不认输，最后因无法承担过大的压力而使自己输掉整个人生，那岂不是得不偿失？所以，要正确剖析自己，敢于承认自己技不如人，敢于"看小"自己，走出面子围城，这不是软弱，而是一种人生智慧。

要找到宣泄压力的途径

心理压力大，从而感到浮躁不安、焦虑压抑，这些是现代人的普遍心理状态。虽然大家或多或少地都分享了现代化的好处，可是很多人也同时"享受"着现代化带来的悲剧：常用电器，辐射加大；乘坐各种交通工具，运动量减小；追求高收入，职业压力加大；我们总是在忧虑自己可能即将逝去的利益，却又不得不在生活的各个层面去面临这种威胁；我们不怕孤独，但是现代的"水泥隔离"似乎又使我们失去了"小院乘凉，各家畅谈"的乐趣；物质丰富，精神受挫，许多人的价值观开始倾向单一和窄化。

既然我们处于巨大压力的环境之下，仅仅用一句口头的"神马都是浮云"就可以解决问题了吗？当然不行！如果压力能这么简单就化解，那世界上就没有那么多自残、自杀等消极事件发生了。

那么，我们应该怎样把这种"神马都是浮云"的人生态度发散到我们生活的每一个角落和细节呢？

首先，心理学家认为，大哭能缓解压力。一个对比试验可以证明这个结论：心理学家曾给一些成年人测血压，然后按正常血压和高血压编成两组，分别询问他们是否偶尔哭泣。结果87％血压正常的人都说他们偶尔会哭泣，而那些高血压患者却大多回答从不流泪。由此看来，人类把情感抒发出来显然要比深深埋在心里有益得多。

其次，通过积极的场景暗示，我们也可以暂时缓解内心的急躁不安，如告诉自己"这些都不算什么，我可以轻松解决"；或者训练思维"游逛"，如想象"蓝天白云下，我坐在平坦幽绿的草地上""我舒适地泡在浴缸里，听着优美的轻音乐"。这些积极的场景暗示都能在短时间内让我们平复心情，获得轻松之感。

再次，当我们觉得自己的心理压力过大，已经快超出承受范围的时候，可以适当地向亲戚、朋友、心理医生求助，我们可以向其倾诉，因为倾诉可以缓解我们的精神紧张。其实，承认自己在一定时期的软弱，然后通过外部有益的支持降低紧张、减弱不良的情绪反应是明智之举。

最后，我们可以仔细思考自己到底有哪些压力，它是来自工作、生活、交际，还是其他哪些方面，然后我们就可以把让自己感到困难的事情仔细写出来。然后为这些事情排一个序，哪些是我们必须要马上解决的，哪些是可以稍微放缓一下的，从重点开始逐个击破。

另外，我们也可以为自己的压力找一个适当的宣泄口。比如说当我们在繁重的工作中与同事产生纠纷，这个时候我们不妨想一想对方的处境，可能他最近面临着什么困境，所以情绪不稳定，因而在与我们的合作中产生了摩擦。这样一想，我们就会觉得心里平和多了。

在这样一个时代中，"神马都是浮云"却用一种难得的淡定情怀和清高心态慰藉了现代人这颗急躁的心。许多人就开始用这样一种"无视于万物"的态度进行自我慰藉。这其实也表现出了人类对影响自身的消极情绪或者事物的抵制和自我防御，以"我无所谓"的态度来淡化自己心中所感知的利益损失，用自以为超脱的价值观来化解自己心中的压力。

压力是客观存在的，我们不可能即刻减掉所有的压力，但是我们可以像使用沙漏一样应对这种压力：它一点一点地囤积，我们就让它一点一点地漏下。这样，我们的生活就能找到平衡，心情也能归于平静，"神马"也就真的成了"浮云"。

胃口与心情息息相关

我们遇到工作难题或生活挫折时，心情往往会变得很差，情绪低落。如果这件事情一直得不到解决，就会整日烦恼重重、闷闷不乐，吃饭也没有一点胃口。这时，如果事情突然有了转机，在自己的努力或别人的帮助下顺利解决了难题。我们的情绪和心情都好了，吃饭也觉得香。

人们常说"吃不香，睡不安"的状况，与胃口和人的心情息息相关。人类每天都能感受到情绪在胃部内体现的运动，可以说，胃部的活动就是情绪的晴雨表。

在所有的能体现情绪变化的器官中，胃部无疑是最敏感、最容易受到影响的器官之一。当周围的一切事情都进展顺利时，我们的胃部也会受到感染，胃口会出奇的好；相反，当周围一团糟，做什么事情都不顺利时，你会发现自己没有一点胃口，吃什么都吃不下去。

就医学来说，胃溃疡就是胃部肌肉疼痛，这主要是由情绪上的变化引起的。

张静经营着一个杂货铺，平时忙进忙出的，身体倒也健康。但最近却得了情绪诱发症，胃疼得很厉害。

最近，张静的杂货铺附近开了一家便利店，便利店的物品齐全、价格优惠，还经常有促销活动，这给张静的店铺带来不利的影响。为此，她心里有很大的压力和苦恼，因此产生了情绪紧张引起胃疼。

另外，令张静苦恼的还不仅是店铺生意的惨淡，她还有一个生性顽劣的儿子，儿子经常给她惹麻烦，今天与人打架，明天离家出走，这都不是小麻烦，这简直就是给张静火上浇油。

店铺生意和儿子对张静来说都很重要。她说，要是家里的情况没有好转，不仅自己会得情绪病，她丈夫的心情也会受到影响。就这样，一想起外面的困扰外加上家里的一桩桩杂事，她就会胃疼不止。

张静和朋友说起自己的症状，朋友们一致认为她得了胃溃疡，慢慢地，她也相信自己得了胃溃疡。到医院就医，医生却一致认为她的胃没有任何毛病。几个月过去了，她的情绪没有得到任何好转，她还是会经常感到胃疼。

后来，为了改变店铺的状况，张静改变了经营思路，由以前的"杂"到现在的"专"，也就是说，她的店铺现在只经营家用小电器之类的商品，这样一来，生意逐渐好了起来。她的儿子在反复的教育下似乎也变得懂事了。

让她感到奇怪的是，一种从未有过的安宁包围在她身边——胃疼也不药而愈。其实张静的胃疼不过是自己的情绪给闹的，面对店铺生意惨淡的状况，儿子又到处惹麻烦，她的心就一刻也安静不下来，想的都是些乱七八糟的事情，胃疼就经常造访；相反，当这些问题都得到解决时，她的胃疼就不治而愈了。

这下我们可以知道，胃是多么忠实地跟着情绪啊！无论成年人或儿童，不可能总是快乐无忧，当一个人情绪不好的时候，往往出现食不香、寝难安的情况。

拥有良好情绪、健康心态的人，在生活和工作中更容易获得幸福和成功。一切胃的疾患皆由人的情绪引发。虽然我们不能控制身体上的疾患，但我们可以调节自己的情绪：

1. 说出你的感觉

在日常生活中，遇到不高兴的事，要尽可能用语言表达出来，这样有利于缓解情绪产生的负面影响。当人们说出自己生气的原因时，不仅有助于情绪宣泄出来，也能获得他人的理解和安慰。

2. 换个想法海阔天空

如果你陷入某种负面情绪里，通常是因为想不开，此时，你可以有意识地想些好事情，或换个角度思考，发现原来事情并没有这么糟。用不同角度思考问题，可以进一步地发现解决问题的办法，从而走出困境。

3. 克服负面情绪

负面情绪的源头可以是负面经验，同样也可以说是负面的惯性，勾起你负面经验的事端只是借来的催化剂而已。若情绪超越了自己能控制的范围，最好的方法不是释放或是压抑，而是学习先定心。比如，用某些哲理或某些名言安慰自己，鼓励自己同痛苦、逆境做斗争。自娱自乐，会使你的情绪好转。

学会给自己减压

不良压力危害人的生理和心理健康，威胁人生幸福，学会给自己减压是一堂人生必修课。减压可以有很多方法，下面的几种你不妨试试。

1. 让瑜伽帮你的忙

瑜伽遐思冥想功能帮助我们放松自己，减慢呼吸，降低心率、减少耗氧量，缓解肌肉紧张，改善脑电波，从而让我们从容应对压力。如果借助香水和音乐，效果则更佳。

2. 香水冥想法

给自己喷上香水，采取莲花坐姿，然后闭上双眼，集中精神呼吸，进入较深的意识状态，幻想自己在一个百花齐放的花园里，微风吹来，飘来各种各样的花香，花园里有一条蜿蜒的小溪，小溪里飘散着各种各样的美丽花瓣。注意不是用鼻子而是打开你的全身毛细孔，吮吸每一朵花香，感觉这股花香像一股气流，又细又长，慢慢地沉入你的丹田。想象着这些花香作用于你的身体细胞后，你便产生了更多活力及生命力。

3. 音乐冥想法

放乐曲，然后坐下或躺下，全身放松，闭上眼睛静静地聆听。用整个身心去聆听，幻想音乐像潺潺的流水一样流遍你的全身，你会感觉到不只是耳朵在欣赏音乐，音乐已经进入了你的灵魂。

来自嗅觉和听觉的刺激会直接作用于我们的大脑，让我们的大脑暂时脱离于这个喧嚣的世界，安静片刻，让我们逃脱压力的包围，真正地和自己在一起。

减缓压力，必须坚持几项原则：

（1）建立自己的"支持网络"。任何时候，家人和朋友都是帮你缓解压力的最坚强的后盾和最牢靠的庇护伞。朋友们发自内心的关心和问候会让你觉得在这个世界上，不管发生了什么事，你都不孤独。所以平时建立一个自己的"支持网络"系统很重要，当你面临压力的时候，你就不会独自烦恼了。

（2）运动。运动可以让你忘却烦恼，增强你的抗压能力。所以不管你有多忙碌，也不管你的压力有多大，锻炼必不可少。

（3）多吃抗压食物。含较多维生素 B 的食物可以帮助你亢奋精神，如糙米、燕麦、全麦、瘦猪肉、牛奶、蔬菜等。含硒较多的食物可以增强你的抗压能力，如大蒜、洋葱、海鲜类、全谷类食物等。

（4）每天补充一粒维生素 C。维生素 C 能够有效消除压力，现代人绝不可忽视这个减压的好方法。

有意识的动作舒缓情绪

在心理学上有个专业术语，叫"假喜真干"，意思就是让自己假装喜欢，并且付出实际的行动，那么，慢慢地，你就会真喜欢上这项活动或者是一件东西。

有一天，弗雷德遭遇到了让他感觉十分生气的事。在通常情况下，弗雷德应付烦闷情绪的办法就是避不见人，直到自己的坏心情消散为止。但是这天他要和自己的上司举行一个很重要的会议，所以他决定装出一副快乐的表情。他在会议上谈笑风生，笑容可掬。令他惊奇的是，在会议开始不久，他就发现自己不再像以前那样气愤了。

弗雷德觉得神奇极了，他并不知道，自己无意中采用了心理学研究方面的一项重要原理：当一个人装作有某种心情时，往往真的能获得这种感受。

美国著名教育家戴尔·卡耐基有一个观点："假如你假装对自己的工作感兴趣，这种态度往往就会使你的兴趣变成真，这种态度能减少一个人的消极情绪。"

有一位行政人员，经常要处理许多烦琐的文件、书信，还要打字和抄写，工作十分枯燥无味，经常累得精疲力竭。后来她想："这是我的工作，单位对我不错，我应该把这项工作做得好一些。"于是她决定让自己假装喜欢这项工作（其实当时她很讨厌这份工作）。此后，她发现一个奇妙的事情：开始是假装喜欢自己的工作，慢慢地，她真的就有点喜欢它了。而且，她还发现，因为喜欢起自己的工作，她比以前做得更有效率了。由于工作越来越好，她被提升了。她说现在自己总是能高高兴兴地超额完成任务。这种心态的改变所产生的力量，让她觉得神妙无比。

很多年以来，心理学家都认为：除非人们能改变自己的情绪，否则通常不会改变行为。我们常常逗眼泪汪汪的孩子说"笑一笑"，结果孩子勉强地笑一笑之后，接着孩子就会真的开心起来了。

情绪改变导致行为改变，著名的心理学家艾克曼的最新实验证明，一个人老是想象自己进入到某一种情境，感受到某一种情绪，结果这种情绪十之八九会真的到来。比方说，一个人故意装作愤怒，由于"角色"的改变和影响，他的心搏率和体温就会慢慢上升，最后，他的情绪会真的变得非常糟糕。心理研究的这一个重要的新发现：心临美景可以帮助我们极大地摆脱坏心情。

打个比方来说，当一个人生气的时候，他可以尽可能多地回忆愉快的场景；也可以说一些让自己冷静的话；也可以用微笑来激励自己。当然，要真笑，要尽可能多地想那些快乐的事情。高声朗读也很有帮助，只是在读书的时候要有表情，并且要选择能振奋精神而不是充满忧郁情调的作品。

有一项心理研究显示：心情烦躁的人带着表情高声朗读后，他们的情绪会有极大改善。利用有意识的动作来改变我们的心情，利用心情来改变我们的行为，这是一种帮助我们对待困难和挫折的有效方法。英国小说家艾略特曾说过："行为可以改变人生，正如人生应该决定行为一样。"

的确，行为改变人生，但是情绪改变行为。保持积极的情绪，在遭遇困难或者是受挫的时候，让自己也"装"好情绪，那么，我们的行为也会随着改变，而我们的人生也会在好情绪的左右下变得明朗起来。

化压力为动力

在现代社会，压力成为生活中很平常的一部分，我们每个人无时无刻不在感受压力。忽略它，它可能会使你痛苦不堪；接受它，并且积极地解决它，那么压力将会成为动力。那么如何才能化压力为动力呢？

（1）要意识到一定的压力是有益处的。它能提供行为的动机。例如，如果没有来自支付生活费用的压力，某些人是不会工作的。

（2）应当认识到压力拖久了，将是很麻烦、很棘手的问题。

有篇报道说：一座可载重 10 吨的桥，它为社会很好地服务了 15 个年头，在这个过程中它承载了数百万吨的重量，但是有一天，一位运载木材的卡车司机，轻视了限载 10 吨的标准，结果桥坍塌了。

这个报道说明，一旦压力大到超过人所能承受的限度，人将不堪重负，甚至有可能被击垮。

汤姆斯·荷马斯研究指出，造成压力的最大的原因是生活中的许多"改变"同时发生，他将生活中不同的改变进行量化分析，并列出一个衡量标准，例如，配偶死亡的指数为 100，分居或离婚为 65，亲人死亡为 63，结婚为 50，失业为 47……将这些改变指数逐一相加，如果生活改变指数在 150～199 之间，表示承受的压力较小；若在 200～299 之间，表示承受的压力较大；若超过 300，则意味着压力已"超载"。

（3）越早辨明征兆越好。弗瑞德·史丹伯瑞在《生活》杂志上说："压力将引发许多疾病，诸如癌症、关节炎、心脏和呼吸器官的疾病、偏头痛、敏感症，以及其他心理和生理上的官能障碍。"

其他的压力症状被列为：肌肉痉挛，肩、背、颈酸痛，失眠，疲劳，厌倦，沮丧，情绪低落，反应迟钝，缺乏喜好，饮酒过多，摄食过多或过少，腹泻，经痛，便秘，心悸，恐惧，烦躁等。

（4）辨明症结所在。正如前面所提到的"改变"是造成压力的主要原因。生活中每天的烦恼的积累可以造成的"高压"，远甚于一个单纯的外伤。像一句谚语所说的："一些琐事干扰我们，并且把我们送上拷问台，你可以坐在山上，却不能坐在针尖上。"不管是什么导致了压力，找到它才可以针对它做些什么。

（5）寻找可行的治疗途径。①变压力为动力的根本出发点是减轻你的"负载"。80％的治疗可以通过写下你所看重的和你所背负的责任来进行，然后设置轻重缓急的级别，放下那些不重要的。②请记住：超人只存在于虚构的小说和影片中。每个人都有自己的局限，应认识到、接受你自己的"有限"，并且在达到你的限度之前停下来。③伴随着压力而来的有一种被压抑的感觉，此时，找你所信赖的朋友或者心理辅导来诉说你的感受，直接减轻你压抑的感觉，这有益于你客观、冷静地进行思考和计划。④放弃去改变你不能改变的环境。正像一个爸爸告诉他那急躁的年少的儿子："除非你意识到并且接受生活的残酷，问题才会变得简单。"学会适应和在斗争之上生活，才会使我们成长并成熟。⑤尽量避免重大的人生转变发生在你的单身时期。⑥如果你对某人怀有怨恨，应及时解决造成问题的分歧，"生气不可到日落"。⑦把一些时间用来休息和娱乐。⑧注意你的饮食习惯。当我们在压力之下时，我们常趋向于摄入过量饮食，尤其是一些只会使压力增加、无利于营养的食物。均衡地摄取蛋白质、维生素、植物纤维，有利于排除白糖、咖啡因、多余的脂肪、酒精，这是减轻压力和其他的影响所必需的。⑨参加一些体育锻炼，这能使你更健康，并且有利于消耗掉多余的肾上腺素，它能引发压力和伴随而来的焦虑。⑩变压力为动力的关键是信念，并且使它与你每天生活的旨意相一致。应当无所牵挂，只要凡事借着追求与信仰，将你们所要的一切寄托于它，并且别忘了为它所应允的献上感谢，这样你将经历永远的平安。